走,去野外

走进春天

[英]伊妮德·

U0382471

人民东方出版传媒
People's Oriental Publishing & Media

东方出版社
The Oriental Press

图书在版编目（CIP）数据

走，去野外：全 4 册 / [英] 伊妮德·布莱顿；杨文展译. —北京：
东方出版社，2022.9
ISBN 978-7-5207-2588-0

Ⅰ.①走… Ⅱ.①伊…②杨… Ⅲ.①自然科学–儿童读物 Ⅳ.① N49

中国版本图书馆 CIP 数据核字（2021）第 244547 号

走，去野外
（ZOU QUYEWAI）

[英] 伊妮德·布莱顿　著　　杨文展　译

策划编辑：杨朝霞
责任编辑：杨朝霞
小课堂写作：秦好
出　　版：东方出版社
发　　行：人民东方出版传媒有限公司
地　　址：北京市东城区朝阳门内大街 166 号
邮政编码：100010
印　　刷：北京文昌阁彩色印刷有限责任公司
版　　次：2022 年 9 月第 1 版
印　　次：2023 年 4 月北京第 2 次印刷
开　　本：880 毫米 × 1230 毫米　1/32
印　　张：17.125
字　　数：303 千字
书　　号：ISBN 978-7-5207-2588-0
定　　价：120.00 元（全 4 册）
发行电话：（010）85924663 85924644 85924641

五位漫步者介绍

帕特

　　十一岁的男孩，三个孩子中年龄最大的，是珍妮特和约翰的哥哥。他脑子活，性子急，缺乏认真观察大自然的耐心，对发现的许多事物都没有细致地观察。跟着梅里叔叔坚持自然散步一年后，他的观察力大大提升，自然知识也变得丰富了。

珍妮特

　　是五位漫步者中唯一的女孩子，十岁，和哥哥帕特长得很像，不少人都误以为他们是双胞胎。她可爱、浪漫，在自然美景的感染下，爱上了写诗。通过跟梅里叔叔的每月两次自然散步，她不仅克服了对蜥蜴、蝙蝠、蛇等的恐惧，还变成一个自然爱好者。

约翰

六岁的小男孩，聪明幽默，想象力丰富，是三个孩子里年龄最小、观察力最敏锐的一个，观察事物很用心，似乎没有什么东西能逃脱他的眼睛。他最讨厌别人叫他"小朋友"。在自然观察比赛中，他的表现总是最出色，让哥哥姐姐刮目相看，也深受梅里叔叔喜爱。

梅里叔叔

自然作家，喜欢野外观察，主要写作关于鸟类的书，博学而友善，是三个孩子的邻居，一双褐色的眼睛里充满了智慧，带领三个孩子踏上自然漫步之旅。在他的带领和陪同下，三个孩子成长很快，学会了正确观察大自然，有了丰厚的自然知识储备，爱上了大自然。

弗格斯

梅里叔叔的爱犬，一只勇敢、善良的黑色苏格兰小狗，四条黑色的小短腿总是不停地蹦跳着，它的尾巴摇起来像飘在空中的一片黑色羽毛。它跟三个孩子一样，喜欢户外散步。

蓝山雀　　　　　　　　　　　　　　　［英］诺埃尔·霍普金 / 绘

歌鸫和它的铁砧　　　　　　　　　　　　［英］诺埃尔·霍普金 / 绘

绵羊和小羊羔们   〔英〕诺埃尔·霍普金/绘

母猪和小猪崽们　　　　　　　　　　　　〔英〕诺埃尔·霍普金/绘

目 录

三月自然散步

自然野趣 DIY

自然童话故事

一月自然散步

　　要学会在乡野观察和倾听，回家后要对看到或听到的事物进行研究，这样才能真正认识并热爱森林里、山坡上、池塘边与田野中的各种事物。

1

一月份的野外有什么好玩的?

在一月初一个寒冷的冬日,格林伍兹村庄的人们纷纷生起炉火来取暖,缕缕青烟从每家屋顶上的烟囱袅袅升起。

汤姆森家的儿童游戏室里,三个孩子正围坐在熊熊燃烧的炉火旁,舒适惬意。年龄大一些的是个十一岁的男孩,他正全神贯注地阅读一本有关飞机的书;坐在他身旁的是他的妹妹,他俩长得很像,以至不少人都误以为他们是双胞胎呢。第三个小家伙六岁,他吐着舌头,正用粉笔在本子上涂涂画画。

"你看看约翰,"珍妮特说,"约翰,把你的舌头收起来,这样看起来可傻了,无论做什么事都不要像这样伸出你的舌头。"

约翰继续涂写着，而且还把舌头伸得更长，他的哥哥抬起眼睛看着他。

"你又胡来了。"他对约翰说道，"你就不能守点儿规矩吗？真是个幼稚的小屁孩！"

"帕特，你少来惹我啦。"约翰缩回舌头，嘟囔道，可话音未落就又开始吐着舌头玩弄起他的粉笔来。

"只要我愿意，随时都可以惹你！"帕特回击道，他的眼神飘向窗外，"要是能下点儿雪就好了，我真讨厌现在这种鬼天气，冷得让人发抖，又不能去户外干点儿什么，啥也看不到，啥也听不着。真希望现在就是大夏天！"

花园的大门口传来叩门的声音，孩子们纷纷跃起身来，去看是谁前来拜访。"是那位刚刚搬到咱家隔壁的先生。"帕特介绍道，"你们知道吗？就是写书的那个人，我觉得他看起来挺友善的，一点儿也不故弄玄虚或是令人望而生畏。我挺想知道他写的是关于哪方面的书。"

"他来我们家干什么？"珍妮特琢磨着，"我猜他大概是来找妈妈问什么事吧。"

果然被珍妮特猜中了，他是过来问能否借一下报纸，他自己家当天的报纸还没送来呢。他留下来与孩子们的妈妈汤姆森夫人聊了会儿天。

过了一会儿，孩子们就不再关心这位邻居了。长时间待在室内，让他们感觉烦透了。而足不出户的原因正如他们刚才所说的，外面啥事也干不了，也没有什么好看的。这不，他们很快就又争吵起来。

帕特打翻了约翰的粉笔盒，一支支粉笔都散落在地板上。"你这个大笨蛋！"约翰哭喊着，"你把粉笔的尖尖头都给弄没了！"

"我才没咧，"帕特毫不示弱，"你的粉笔本来就没有什么尖尖头！"

这回珍妮特站在了小老弟这一边，"快帮约翰把粉笔捡起来啦！"她冲着帕特说，"你真不厚道！"

"你再敢这样说我试试！"帕特吼道，顺手就重重地推了珍妮特一把，女孩不偏不倚地"降落"在约翰的背上。这下可炸开了锅，约翰啪的一声倒在地上，哀号着："我的手臂受伤了，伤到手啦！手断了啊！手断了啦！"

楼下都能听到这阵喧闹和吼叫声，汤姆森夫人小跑着上楼，去看究竟发生了什么。隔壁那位邻居也跟着她走了上来。两个大人一走进房间里，约翰的叫喊声戛然而止。

"不过是小打小闹而已，"那位邻居不以为然地说道，"在这样一个美好的日子里，你将这三个本应在户外活动

的孩子禁锢在壁炉旁边，能指望他们太太平平的吗？"

"我也想让他们出门来着，"汤姆森夫人解释道，"可当我这么提议时，他们就大惊小怪地乱作一团。"

"一月份跑到户外有什么好玩的，"帕特阴沉着脸，反驳道，"无论我们去哪儿，都看不到任何有意思的东西，现在可不比春天和夏天啊。"

"哦，是吗？"隔壁的邻居仍然自顾自地说着，"今天下午我就要外出散步一次，有种预感待会儿能看见许多小动物、鸟类、树木，甚至还可能看见花呢！"

孩子们不由得睁大眼睛瞪着他。"可现在才刚刚过了圣诞节啊，"约翰提出异议，"在这么寒冷的冬天，外面根本找不到任何能让人兴奋的东西！"

"你这样说可就大错特错了！"这位邻居还是不依不饶，"眼见为实，不如你们今天下午跟着我出去吧，到时就会知道自己错了。"

"哦，你可不想被这三个孩子缠上吧！"汤姆森夫人马上回应道，"要不就带上帕特好了，他年纪最大。"

"我也想去嘛，"珍妮特立刻喊了起来，她与帕特可是形影不离，"约翰就在家待着吧，他太小了，会拖我们的后腿的。"

约翰突然喧噪了起来。"也带上我去啊！"他强烈要

走进春天　5

求道，"我的腿脚可强壮了，才不会跟不上你们呢！"

"你当然也能去啦。"邻舍叔叔眨巴着褐色的眼睛，允诺道，"那么现在，可以先告诉我你们的名字吗？"

"我叫帕特里克，"帕特说，"这位是珍妮特，那个小朋友是约翰。"

约翰最恨人家叫他"小朋友"。他挺起胸膛、踮起脚尖好让自己看起来高大一些，生怕这位叔叔会真的认为他太幼小而不带他一起出去玩。

"我叫彼得·梅里迪思，"邻舍叔叔开始介绍自己，"我写一些关于鸟类的图书，但其实乡野田间的事物没有我不喜欢的，也许除了大鼠吧！"

"唔……我讨厌的东西可不少哦！"珍妮特一一细数着，"我讨厌甲壳虫、蜘蛛、飞蛾、蛇，还有蝙蝠！"

"呀，那你可真是个小傻瓜！"梅里迪思先生看着珍妮特，笑着说。

珍妮特一时觉得很难为情，因为她和学校里的其他女孩都认为看见甲壳虫或蝙蝠时，最明智的做法就是立马尖叫。她还觉得既然梅里迪思先生都说她傻了，那她一定不会喜欢他了。

"好了，"梅里迪思先生起身要离开，"请两点半准时到我家大门口集合，行吗？我们一起出去看看，在这样一个晴冷的冬日里都能发现些什么。"

等到了 2 点 27 分，帕特、珍妮特和约翰就已经齐刷刷地站在了邻居家的大门口。不一会儿，梅里迪思先生也走了出来，他身边还多了一位"朋友"！

那是一条小小的黑色苏格兰犬，四条黑色的小短腿不停地蹦跳着，它的尾巴摇起来像飘在空中的一片黑色羽毛。孩子们满怀欣喜地盯着它看，简直出了神。因为他们还未曾拥有过属于自己的宠物，而厨房里那只名叫"辛德思"的猫咪应该算不上，它几乎从来不搭理他们。

"这是您的狗狗吗？"约翰打听着，"哇哦，我好喜欢它！"

"让我来为大家介绍一下，这位是弗格斯，世界上最棒、最具活力的小狗！"梅里迪思先生热情地说着，"弗格斯，跟大家握握手吧。"

弗格斯伸出一只前爪，三个孩子一本正经地和它一一握"手"。弗格斯粉色的舌头耷拉出来，气喘吁吁的样子就像是已经奔跑了好一阵子似的，它亢奋地在梅里迪思先生身边跑来跑去。

"好嘞！我们开始出发吧！"梅里迪思先生发出号令，孩子们一个个眉开眼笑。

"弗格斯也跟我们一块儿去吗？"约翰问道。

"当然喽，"梅里迪思先生回答着，"出——发！我们要沿着门前这条小路穿过田野，怎么样？"

弗格斯像是听得懂人话似的，因为它早已迈开健壮的腿脚，冲到大家前面去了。

"一切看起来都是那么荒芜、凄凉，"帕特失望地说，"除了一些深色的常绿树以外，其他树上连片叶子都没有，冰霜冻结了一切——鸟儿、小动物、昆虫都不见了踪影。我恨死冬天了。"

"那是因为你没有用你的眼睛去观察，没有用你的耳朵去听哦。"梅里迪思先生大笑着说，"你看看弗格斯，它正在追踪着什么动物，不是吗？"

弗格斯突然发出一阵尖锐的叫声，消失在篱笆中间，突然又从田野里跑了出来。一个灰色的身影闪现了一下又迅速从田野中溜走，了无踪迹。

"一只野兔，"梅里迪思先生说着，"那里还有一只，不对，是两只兔子呢！瞧，它们正啃着那一大团常春藤的茎皮呢。"

孩子们注视着被啃咬过的茎皮。"兔子这会儿都这么饥饿吗？"帕特疑惑不解。

"饿坏了，"梅里迪思先生回答他说，"上个礼拜田野上面的积雪还很厚，兔子们没法到草地上觅食，所以它们只能啃咬植物的茎皮。看，那是兔子的天敌，保持安静哦！"

孩子们像小老鼠似的怔怔地站着，看见一只小动物以蛇形轨迹奔跑着，穿过篱笆。有一瞬间，那家伙似乎回过头来，用它那敏锐、闪烁的眼睛盯着孩子们看。

"这是只鼬（yòu）鼠，"梅里迪思先生介绍道，"它们捕猎大鼠、老鼠或兔子为食。许多动物在这样寒冷的冬日里都很难找到食物。"

"我还以为大部分动物整个冬天都在睡觉呢。"约翰惊诧地说。

"的确，是有很多动物这样做，"梅里迪思先生继续耐心地解释，"尽管我们现在看不见它们，但其实在我们周围很多动物都正在冬眠。青蛙在那片冰冻的池塘里、熊蜂在河畔的洞穴里、蝙蝠在空心的树洞里、刺猬在树叶围成的洞里、蛇在它们的藏身之地蜷缩在一起——它们都在冬眠。但是兔子啊，野兔、鼬鼠，还有白鼬，它们可都清醒着呢。同样清醒的还有赤狐，上星期在那边的山头上，我曾在雪地里发现过它们的足迹。"

"我还从没见过野生狐狸呢，"帕特失望地说，"真希望我能看到一只。哇哦，看，又是一只兔子，后面还跟着弗格斯！"

"看那只小兔子的白尾巴呀，上下晃动着！"约翰叫出声来，"它要躲进洞里啦！"

"它翘起白色的尾巴可以为周围的同伴提供警示信号，"梅里迪思先生接着他的话，"这能吸引其他兔子的注意力，它们能立刻理解这信号就代表着危险！所以一旦它们看到某只兔子把尾巴翘起来，所有的兔子都会四散而逃。"

一只知更鸟①朝着孩子们飞了过来，他们看见它那可爱的红色胸脯。鸟儿鼓着黑色的大眼睛，友善地看着他们。一会儿，麻雀②三三两两地也飞到附近，它们正为了其中一只嘴里叼着的一小块面包而争执不休。

"看那些麻雀啊，"梅里迪思先生指着鸟儿说，"你们看见那些小雄鸟下巴那里已经长出一圈黑色的围嘴似的羽毛了吗？"

"是哦，两只都长出黑色的围嘴了，另外一只还没有，"珍妮特抢答道，"是不是凭借这个我们就能分辨出雄麻雀和雌麻雀来呢？我以前还不知道呢。咦，它们怕我们哦，都飞走啦！"

---

① 学名红胸鸲（qú），别名英国知更鸟。——译者注（若无特别说明，书中脚注均为译者注）

② 学名家麻雀，别名英格兰麻雀。

"答对了！现在我们友好而温顺的小知更鸟有机会了。"梅里迪思先生说话间，知更鸟飞到孩子们的脚边，优雅地啄食着面包屑，不时发出婉转的啼声。

弗格斯突然冲上去，吓得知更鸟一阵烟似的逃跑了。"悠着点儿！弗格斯，"梅里迪思先生冲着小狗喊着，"那可是我们的朋友呢！"

弗格斯耷拉着尾巴，一副愁眉苦脸的样子。珍妮特赶忙过去拍了拍它。

"快看天上那一大群鸟啊！"帕特突然发现了什么，"不管那是些什么鸟，至少也得有上千只吧！"

"那些是凤头麦鸡，"梅里迪思先生介绍说，"它们习惯成群结队，不少其他鸟也是这样，尤其是在冬天。成千上万的鸟成群飞行时，那场景就像一群小虫组成的云团在空中环绕。看那些凤头麦鸡展翅高飞的样子，多美啊！"

"我的天啊！梅里迪思先生，这得有成百上千只吧！"珍妮特感到很惊奇，"可我似乎从来没有近距离地观察过一只凤头麦鸡呢。它们长什么样子啊？是一种很小的鸟吗？"

"哦，才不是呢，它们挺大的，你可以从它们头顶竖起的羽冠认出它们，"梅里迪思先生说道，"等到春天来时，我们可以看到它们在开阔的田野里筑巢。它们可是庄稼人的好伙伴哦，它们能在田间吃掉成千上万只害虫。"

自然小课堂

体验大自然

如果一个人在童年时期就接触大自然，感受自然世界的神奇和欢乐，那么他将不会感到孤独，将变得更加勇敢、真诚、自信而幸福。

你有过到野外自然散步的经历吗？这对于成长中的你来说，可是必不可少的自然体验。如果还没有，那就赶紧行动吧。你可以和家人一起，也可以跟小伙伴同行。然后，再把你的感受分享给大家。

2

牧羊人的钱包

走着走着，大家已经穿过田野来到一小块隐蔽的空地，在那儿有一片矮树丛，珍妮特停下脚步从树上摘下一根树枝。

"瞧，已经有柔荑花序了！"她激动地说，"我们能带些回家吗？我喜欢它们羊羔尾巴状的样子。"

"当然可以，如果把一些榛(zhēn)树^①柔荑花序的树枝放进水里，我们就可以看到它的尾巴变长，被黄色花粉包裹起来的过程，"梅里迪思先生欣喜地说着，"那样会非常有趣！"

"那坚果是不是就能从这些柔荑花序里头长出来

———————

① 学名欧榛。

呢？”约翰问道。

梅里迪思先生不禁笑出声来。

“可不是这样哦！这些柔荑花序啊，只是满载花粉的雄蕊尾巴。风将花粉吹向各处，如果恰好是成熟的花粉，又正好落在了那些含有种子的红色小花上——那些小花我们今后能看得到，它就会沿着细枝生长，看起来很像叶芽。坚果就是从那里长出来的。珍妮特，你采的这束榛树柔荑花序真漂亮啊，放在花瓶中会很好看的。”

“我也想带点儿东西回家，”约翰急忙插嘴，“我能采点儿报春花①吗？”另外两个孩子嗤笑着。

“你说他多幼稚啊！”珍妮特满脸轻蔑，“这么寒冷的一月，你还指望我们能找到报春花或是任何其他花吗？”

“哼，我刚刚明明就看见花啦！”约翰的回复出人意料。

“才不会呢！”珍妮特满不在乎。

“我就是看见了！”约翰也毫不退缩。

他往回跑了一小段路又折返回来，手里拿着一朵白色的小花，是一朵极为细小的星形花卉。

---

① 学名欧洲报春。

"真棒！"梅里迪思先生夸奖道，"我刚才也看到了，正想着你们中谁能发现它呢。这叫繁缕，几乎在一年中的任何时候都能找到它。你们再看，那边还有另外一种花呢，那是千里光①。"

"哦，我们家的金丝雀喜欢这个。"珍妮特说着，跑去摘了一些，"梅里迪思先生，我一直觉得这种花看起来像微型的修面刷。"

"的确是的！"梅里迪思先生接着说道，"在我们面前，我还发现了另外两种花，但先不告诉你们。你们必须自己去寻找，我认为你们两个大孩子在观察事物方面不怎么在行哦，至少比你们的小老弟约翰差远了。"

珍妮特与帕特的眼神马上朝着地面机警地扫视着，他们必须赶在约翰之前找到那些花。可是约翰很快就在他们前面雀跃起来，喜出望外地指着一些花说："野芝麻，野芝麻！粉色的和白色的！"

"这些植物会刺人吗？"珍妮特问道。

"当然不会啦，"梅里迪思先生解释着，"难道你们无法区分刺荨（qián）麻和茎干平滑的野芝麻吗？作为乡村里的孩子，你们了解的知识可真是太少啦！"

---

① 学名欧洲千里光。

梅里迪思先生摘下一株大苞野芝麻和一株短柄野芝麻。"现在，你们看，"他说道，"这些都是野芝麻，不会刺人的。尽管它们的叶子看起来和那些刺荨麻有点儿像，但只要注意看它们的茎，就可以区分它们了。"

孩子们照他说的，仔细一看就发现了。"真好玩，它们的茎是四棱形的！"帕特惊异地说。

"可不是嘛，"梅里迪思先生继续说道，"通过它们的四棱形茎来判断，是辨认野芝麻家族的一个方法。我们再来看看花的形状，它们被分为两个唇瓣，上唇瓣大一些，下唇瓣小一些。我们称这种植物为唇形科植物，或者简单点儿叫唇科植物，大量有药用价值的植物都属于这一科，我甚至都想不起来在唇形科植物的大家庭中哪种植物是有害的。"

"薰衣草属于唇形科植物吗？"约翰好奇地问，"还有野生百里香，我记得它们的花也都是有唇瓣的。"

"真棒！"梅里迪思先生喜上眉梢，拍了拍约翰的背，"总算有个孩子懂得如何运用自己的眼睛啦！"

"那是不是各种花都有自己的家族呢？"约翰再接再厉，"我是说，要是我们能知道看到的花都是属于什么家族的，那该多有趣啊！"

"那样的确有趣极了！"梅里迪思先生肯定了小约翰

的说法，"树木也有各自的家族，鸟儿、蝴蝶、飞蛾、虾兵蟹将，任何生物都有种属科目之分。每一科的动植物又都有其特征及特定的生活方式。哪天给你们看看我那本大部头的花卉图书，书里面将花儿划分为各个科，我们必须根据其所属科目才能查询到相应的花。"

"这应该是另外一种花吧！"帕特喊着，盼望着自己也能发现一朵，"是白色的，有四片花瓣，像个十字。"

"这是'牧羊人的钱包'①，"梅里迪思先生解释着，"现在你们该看得出来这种花不属于唇形科植物吧。它属于十字花家族，也就是我们说的十字花科植物。这一种属的所有植物都有四片花瓣，对称分布形成十字形。"

"就像桂竹香，是吧？"这次珍妮特反应很快。

梅里迪思先生点了点头："好姑娘！没错，桂竹香就是十字花科中的一种。不过你们能先跟我说说，为什么这种小花会有这么有趣的名字吗？我们为什么会叫它'牧羊人的钱包'呢？"

三个孩子盯着梅里迪思先生手中的这株植物看了许久，连弗格斯也后腿站立，似乎想看个究竟。这是一株有点儿奇特的小植物，它有着微小的十字形白色花朵，

---

① 学名荠菜。

在花朵下方的茎上面长着好玩的小小的心形种荚。

珍妮特盯着种荚说："我想这就是原因啦，这些种荚看起来就像一个个小钱包，是吗？"

"里面还藏着钱呢！"梅里迪思先生大笑道，一边切开一个绿色的种荚，向孩子们展示里头圆圆的绿色种子。"是的，'牧羊人的钱包'这名字就是来源于这些心形的种子容器。我总是好奇，到底是谁给这些常见的花朵命名的？它们的名字都很棒，有些还特别可爱呢，比如，女士的罩衣 ①、老人须 ② 和鹳（guàn）嘴 ③。"

"我们去树林里瞧瞧吧，"当他们再度前行时，帕特提议，"说不定我们能在那里找到一些激动人心的东西呢。"

梅里迪思先生看了看手表，惊呼："我的天啊！你们知道现在几点了吗？都四点多啦！要是我们现在还不动身往回赶的话，到家都该天黑啦！"

"噢！"三个孩子满脸失望地说，"我们非得回去不

---

① 学名草甸碎米荠，又叫布谷花、挤奶女工，这种漂亮的小型植物花朵是淡淡的浅紫色的，就像老式罩衫的颜色（有时你会看见开着白花的品种）。

② 学名葡萄叶铁线莲。

③ 学名老鹳草。

可吗？"

"小祖宗们，听起来你们还挺享受这次散步的嘛，"梅里迪思先生大笑着，"那改天我一定会再把你们从家里'解救'出来的！"

"哇哦，好耶！"约翰激动地叫起来，将自己的小手滑进梅里迪思先生的大手中，"我喜欢你，你懂的可真多，好像没有什么是你不知道的，你还很有趣。"

梅里迪思看上去也挺欣慰的，"我可不是什么都懂哦，不过如果今后你们还想出来和我散步的话，有两件事我倒是可以教教你们——首先，要学会在乡野观察和倾听，其次，回家后要对你们看到或听到的事物进行研究，这样你们才能真正认识并热爱森林里、山坡上、池塘边与田野中的各种事物。"

"我会这样做的。"珍妮特第一个回应，帕特也点头答应，他们转身踏上了回家的路。珍妮特在空中挥舞着绿色的"羊羔的尾巴"，约翰也采集了一些他们刚才发现的花朵，只有帕特两手空空。

当他们走过一片被风吹过的绿地时，帕特的目光被一种黄色的东西吸引，他欣喜地停下了脚步。

"看啊，是几朵荆豆花！我就知道这个时候它们应该开放了！"

梅里迪思先生拿出小刀，将一小簇多刺的荆豆花割下，它们有着鲜艳的黄色花朵。"这是给你的！"他说，"这下你也有可以带回家的战利品啦。"

"荆豆花也是一年四季都能看得到，对吗？"珍妮特问道。

"没错，就算是在严寒时节，你也能在枝头看到一两朵盛开的荆豆花，"梅里迪思先生还说道，"你们没听过那句老话吗——当荆豆花不再盛开之时，也就是亲吻不再流行之日。"

孩子们都笑了起来。

"哦，亲吻才不会过时呢，"珍妮特补充道，她想起每晚自己都要和妈妈亲吻互道晚安，"也就是说荆豆花会永远盛开的。"

一行人终于回到家中。约翰终究还是稍微比其他人慢了几步，毕竟他还不习惯这样的长途跋涉，但他才不会说自己累了呢，因为他实在是太享受这个下午的美好时光啦。他把花儿送给妈妈，给了妈妈一个大大的惊喜。

孩子们与梅里迪思先生、弗格斯告别。"您当真还会带着我们和弗格斯一起出去吗？"约翰拍了拍小狗，认真地问道。

"当然啦！"梅里迪思先生应允着，"能认识你们，

弗格斯和我都非常高兴。我们就像是结识了两位侄子和一位侄女一样，你们都非常可爱。"

"我们是侄子和侄女，那这么说的话，您就是我们的叔叔喽！"约翰继续严肃地说着，"我挺高兴能有您这样一位叔叔的，我们已经有一位带我们逛动物园的叔叔、还有一位带我们去海边的叔叔，那您就是一位可以带我们去散步的叔叔啦！"

"那就这么说定了。"梅里迪思先生眨眨眼睛，答应道。

"我应该叫您梅里叔叔，"约翰机灵地说，"这可是个好听的名字——您懂的，梅里迪思的简称。再见啦，梅里叔叔！"

另外两个孩子也开怀大笑。约翰真逗，不过他还真是满脑子的鬼点子。孩子们都冲着新朋友嚷嚷着："再见，梅里叔叔！下回见哦！"

3

一月寻花记

三个孩子经常把他们与梅里迪思先生——现已习惯亲切地称他为梅里叔叔——散步的激动经历挂在嘴边。他们有时在隔壁花园里看见弗格斯，打心底里喜欢看着这只粗壮的小黑狗在草地上翻滚蹦跳。

"多希望梅里叔叔不久后又能带我们去散步啊。"珍妮特说，"我知道我们也能自己去走一走，但不知怎么回事，自己走的时候就注意不到那么多东西。至少昨天我帮妈妈去邮局办事的时候，路上没看到也没听到一丁点儿有趣的事物。"

令他们高兴的是，梅里叔叔给他们的口信很快就传来了。"明天上午，十点半。"

"好啊！看起来明天会是晴朗的好天气。"帕特说。

可是，到了第二天早晨，约翰和珍妮特不约而同地患上了重感冒，妈妈不让他们起床。

"帕特，恐怕你得自个儿跟梅里叔叔去了。"珍妮特边咳嗽边说。

"我才不要呢，"帕特说，没有珍妮特陪着，他啥事儿也不想做，"我也要待在家里，给你们加油打气。然后，等你俩都好起来了，我们再一起跟着梅里叔叔散步。"

然而帕特自己也染上了感冒，等到他们全都恢复健康之时，已经是两个星期之后的事了。白昼已渐渐变长，透过游戏室窗户照射进来的阳光，也似乎有了些许的暖意。

梅里叔叔过来串门，探望孩子们。他把弗格斯也带来了。这只苏格兰犬在游戏室里欢欣雀跃地蹦跳不止，样样东西都要嗅探一番，它唯一不喜欢的东西就是约翰的熊车玩具。当约翰拉起玩具熊背上的拉环时，小熊就会发出一声低沉的吼叫。这声音着实惹恼了弗格斯，只见它压低身段，鼻子冲着小熊，紧紧地盯着。它无法理解，这个浑身散发不出丝毫动物气息的物件，竟然能发出如此逼真的吼叫声。

"哦，梅里叔叔，您今天打算去散步吗？"约翰问道。他们的大朋友点了点头。弗格斯一听到"散步"这个可爱的词，耳朵都竖了起来。

"你们不想跟我一起走走吗？"梅里叔叔说。

"哎呀，我们的感冒都还没有好利索。"珍妮特回答，"我是很想散步去，但即便只是沿着门前那条小路走到头再返回来，恐怕都会累得不行。"

"那我们就绕着花园走一圈好了。"梅里叔叔说。三个孩子惊讶地盯着他，目光飘向窗外那个空荡荡的花园，在一月暗淡的阳光照射下，那里看起来既阴冷又荒凉。绕着花园的散步？那能有多少看头啊。

约翰说出了大家的心声。"花园里没什么好看的东西，"他说，"这一点儿都不好玩。"

"穿上你们的外套，把自己都裹严实喽。让我们出门去发现各种各样好玩的事物吧。"梅里叔叔言辞犀利，"我还从来没有碰到过像你们这样没有发现力的小朋友！为什么就不想想，即便是寒冬腊月，在被冰雪覆盖的花园里，也能看见很多东西呢！"

孩子们迅速穿上了各自的行头，珍妮特为约翰系好围巾，他们跟着梅里叔叔走下楼去。弗格斯飞也似的蹿下楼梯，孩子们甚至都认为它会一路滚下楼去。

"妈妈，我们只是去花园周围走上一圈。"珍妮特凑到画室门口打招呼，妈妈和几位阿姨正坐在那里做针线活儿。

汤姆森夫人点头道："这对你们的身体有好处。"

孩子们走出通往花园的门，站在原地待了一小会儿，任由惨淡的阳光洒在身上。

"阳光洒在身上的感觉真好，就算只是微弱、暗淡的一缕阳光。"珍妮特感慨道，"天哪，这花园看起来一片荒芜、糟糕透顶！梅里叔叔，要是您今天都能找到很多有趣的事物，那我就认为您是个聪明绝顶的人。"

"好吧，珍妮特，那我们一定得去搜寻一些有趣的东西啦。大多数男孩和女孩都喜欢玩搜寻类游戏，"梅里叔叔说，"但是，我们先来看看那些花吧！"

孩子们的目光随之投射到沿着房屋南墙一处庇荫的花坛中，那儿生长着一排小巧的黄花，每一朵小花的黄色花萼下都有一圈漂亮的绿色褶皱。

"这是毛茛（gèn）。"帕特抢先说。

"是榕叶毛茛。"珍妮特认为自己很聪明。

约翰一言不发，他知道他俩说得都不对，但就是想不起来什么时候听过这种花的名字。

梅里叔叔发出一声深沉而凝重的叹息，吓得弗格斯惊慌失措地跳到他身边。"没事的，弗格斯，"梅里叔叔说，"我实在是忍不住对这些孩子表示叹息，仅此而已。毛茛和榕叶毛茛！真是要命，你们就没有一个知道这两种花长什么样、何时开花吗？这些一月初就开花的是乌头①，乌头！"

"哦，"珍妮特和帕特低头仔细看着花，应声道，"乌头，长得可真漂亮啊！"

"它们是一年之中最早出现的花呢，"梅里叔叔继续说道，"尽管迎春花也和它们差不多时间开。看，那边的墙上就有几朵。瞧瞧那星星状的黄色小花。"

孩子们看到南墙另一边一株长得很茂盛的植物，它的花从茎上绽放，却没有半片叶子。珍妮特觉得这花很可爱，便采了几小簇。"这花放在游戏室里一定好看极了。"她说，"真是奇怪，我们以前怎么从未注意过这些迎春花啊。"

"好嘞，现在你们三位自己去走个几分钟，看看是否还能搜寻到其他花，"梅里叔叔说道，"快走起来吧，我相信约翰找到的会是最多的！"

"这就好像找顶针②的游戏，"约翰说，"只不过寻找的东西换成了花。"

---

① 学名欧乌头。

② 也称"藏顶针"，是一种游戏，所有游戏者离开房间，只留一位留在房间里，他在房间的某个地方藏好一枚顶针或其他小物件后，其余游戏者返回房间将所藏物品找出来。

孩子们散开来，绕着宽敞的花园，各自朝着不同的方向走去。他们不一会儿就回来了，每个人都带着些东西要给梅里叔叔看。

"这是什么呀？"珍妮特把一小簇花儿塞进她的大朋友手里，率先发问，"梅里叔叔，它长在那边深绿色的灌木丛中，一定是种常绿树吧，因为我知道灌木丛一整个冬天都是绿色的。"

大家看着这簇娇小的像星星一样的花，长着可爱的粉色花骨朵，还有极浅极淡的粉白色花朵。

"这是棉毛荚莱，"梅里叔叔说，"你们能记住这个词吗？棉毛荚莱，一种愿意在一年当中最早的时节绽放的花，有时甚至在十二月就开放了。"

"棉毛荚莱。"孩子们重复道。珍妮特把这花跟迎春花搁在一起。接下来，帕特也拿出了他刚刚发现的东西。这看起来像是一朵僵硬的蜡花，长在粗大的粉绿色花梗上，花朵中间有许多嫩黄色的雄蕊。

"我观察过，它没有任何叶子。"帕特说道，"梅里叔叔，这是什么花呢？它看起来有点儿像银莲花，只是更白一些，也更僵硬些。"

"这是圣诞玫瑰。"梅里叔叔答道，"你们应该不难猜到这名字的由来，因为它在圣诞节期间开花。这花一点儿也不像玫瑰，也的确不属于玫瑰家族的蔷薇科，所以你们千万不要望文生义。它那宽大的叶子会在春天长出来的，到时候我们再来找找吧。"

"那儿还有三四株圣诞玫瑰呢，"帕特继续说，"这真是个奇妙的选择啊，一年有那么多个月，却偏要在寒冷的一月开放。梅里叔叔，您说对吧？"

"可不是嘛。"梅里叔叔表示认同，"哎哟喂，看看我们的朋友约翰找到了什么！蒲公英①和雏菊！怎么样，我就说吧，相信约翰能找到不寻常的东西，准没错的！"

"我想，这些其实都不是真正属于一月的花吧。"约翰手里握着黄色的蒲公英和顶端是粉色的雏菊，说道，"不过，能在金灿灿的阳光下看到它们盛开实在是太好了。我认为蒲公英是一种很可爱的花，梅里叔叔，但是其他人总是笑话我，因为他们说这是种常见的惹人厌的杂草。"

"这确实是一株常见的杂草，"梅里叔叔说，"但并不惹人厌恶。尽管园丁和农民都讨厌它，但这花真的很美，至少它的头状花序很可爱！一朵蒲公英的头状花序里藏着好多花呢。约翰，如果我们把它扯开来，就会发现一

① 学名药用蒲公英，别名西洋蒲公英。

朵蒲公英其实是由许许多多微小的花组成的。看，我抽出一小朵来给你们瞧瞧，这是其中的一朵小花，就有完整的雄蕊和雌蕊！"

"它属于我们已经知道的哪个花卉家族吗？"珍妮特问完，又显得很机灵地补充道，"这应该既不属于唇形花家族也不属于十字花家族吧。"

"没错，这花属于菊科家族，"梅里叔叔答道，"就是菊科植物。你们看，花的头状花序是由许多微小的花构成的，就像组合起来的花似的。"

"就好比菊花，"帕特也觉得自己很聪明，"还有雏菊。"

"还有紫菀（wǎn），"约翰也不甘落后，"木茼蒿（tóng hāo）和金盏菊也都是！"

"完全正确，"梅里叔叔夸赞道，"你们今天上午都还挺聪明的嘛！"

4

冬天，蜗牛都去哪儿了？

"在这花园里，的的确确是再也找不到更多的花了，"珍妮特提出来，"我们可以回屋去了吗？"

"可是除了花以外，这里还有不少其他东西，"梅里叔叔回应着，"看看，那些在草丛中的是什么？"

孩子们反复寻觅却又遍寻不着，珍妮特眼中所见无非就是萧条的绿草坪里夹杂着点点野草，约翰也只不过是瞧见了几片枯叶，帕特倒是突然猜到了梅里叔叔的心思。

"哇哦！我知道了，虫子洞！"帕特喊着，"梅里叔叔，那儿有好多呢！"

大家都凑过去观察虫子洞。

"这些虫子洞都被堵住了呢。"约翰疑惑不解地说，

"是谁堵住这些虫子洞的？看呀，这个虫子洞的洞口就被两片枯叶和几根稻草挡住了，谁会把这些洞堵成这样呢？"

"就是虫子们自个儿干的呀，"梅里叔叔解释说，"它们想将寒冷与冰霜挡在虫子洞之外，所以就在夜里扭动着身躯，到处去找些可以用来当作填充物的好物件。虫子们扭曲着身体，缠绕住这些东西，把树叶、花梗、叶柄、稻草什么的都运到洞边，然后一样一样地往里填塞。等到了第二天早上，虫子洞可算是被堵得严严实实啦。"

"我从来没有想到虫子竟然这么聪明，"帕特惊叹道，"好想亲眼看看他们堵洞口的实况啊。"

"行啊，挑一个月光朗照的夜里出来，悄无声息地站在草坪边缘，屏息凝视。"梅里叔叔说。

"我能拆一个已经填好的洞口吗？"约翰好奇地问，"就是想看一下虫儿们都用了哪些东西来填洞。"

"可以啊，如果你好奇的话，"梅里叔叔接着说，"可是虫子们今晚就得重新艰苦劳动一番，再把洞口给填上了，不过问题不大。"

约翰掏出一些攀缘植物的茎、三片腐烂的树叶以及几小束稻草。接着，他抹平了虫子们垒起来的轻巧的粉末状小土丘，总算是能看清通往虫子之家的入口。

"它们就住在里头呢，在长长的洞穴通道最底端的房间里。"梅里叔叔说，"它们蜷缩着身体在洞里待着，等夜幕降临就蠕动到草坪上，有时也会因为担心附近鸟儿的袭击，再度赶回洞穴中。"

"我经常看到有鸟儿密切注视着草坪上虫子的动静。"珍妮特说，"鸟儿悄无声息地杵着，头朝着洞口边严阵以待，听着洞内的一切动静，接着一个突袭就把蠕动中的小虫给拖了出来。"

"看来你有时候观察力还是挺强的嘛！"梅里叔叔大笑道，"看看草坪上这些被虫子们翻出来的泥土，试想一下，整个村落里得有亿万条虫子吧，它们都在地底下辛勤耕耘着，它们挖掘出那一条条长长的地道，能帮助土壤透气、排水。虫子们就像耕地人一样。我们来瞧瞧这些虫子翻出来的精细粉末状泥土，像这样年复一年的'耕作'，得给农民带来多大的益处啊。"

"我们还能看见点儿啥呢？"约翰看看周遭。梅里叔叔领着他们到一堵老墙边的一处假山旁。他挪开一两块小石块，在下面搜寻着什么，然后很快就发现了他想找的东西。

"你们看，"他说，"这些是什么？"

孩子们弯腰探出头来。

"蜗牛，"帕特回答，"我一直想弄明白它们冬天都去哪儿了。梅里叔叔，这儿有好多蜗牛啊，有些像叠罗汉似的压在同伴身上。让我取一只下来。咦，它们是黏住的，好奇妙啊！"

大家目不转睛地盯着这堆蜗牛。梅里叔叔把一只蜗牛从群体里剥离开，翻转过来给孩子们看。

"蜗牛不喜欢这种冷若冰霜的天气，"他继续说道，"在冬天，它们找不到那些鲜嫩的绿叶食物，于是便决定最佳的过冬方式就是饱睡一觉，度过这些寒冷的日子。这可是个不错的主意啊，是吧？至少比忍饥挨饿强。"

"梅里叔叔，蜗牛壳里头怎么也是硬的，而不是软的啊？"约翰用手指敲了敲，问道，"去年夏天，我捡起一只蜗牛，壳里头是软绵绵、黏糊糊的。"

"没错，但是当寒冬来临，蜗牛壳的入口处就长出来一扇坚硬的'大门'，"梅里叔叔解释道，"当然喽，它会在门上为自己留出一个极其微小的透气孔。就像你们看到的那样，它们会自个儿或是结伴而行，去找寻类似这种遮蔽条件良好的地方安顿下来，一觉把整段严寒的日子都睡过去。它们会长驻此地，直到温暖的春天到来，那时再把这扇严实的大门溶解，爬着去寻找食物，探出那长着触角的小脑袋去寻找出路。"

"我想带些蜗牛回游戏室去，"约翰说，"把它们放到一个装着泥土的盒子里，它们就成我的小宠物啦。"

"哼，多么恐怖的宠物啊！"珍妮特一脸嫌弃。

"一点儿也不可怕，"梅里叔叔说，"我们确实会对它们啃食花园里植物或农作物的行为心生反感。只要让它们远离花园就好了啊，再怎么也犯不着傻乎乎地嫌弃它们，又被它们吓得颤颤发抖吧。"

珍妮特听着脸红了，她可不喜欢被人说傻。"我并不是真的认为它们恐怖。"她怯懦地说，"咦，看呀，那又是什么？"

她指着身旁的一根木桩子，上头停着一只飞蛾，正伸展着它那暗淡的褐色翅膀。飞蛾体长约3厘米，让人很难在木桩上发现它。

"这是只飞蛾，"梅里叔叔说，"珍妮特，但愿你不会被它吓得尖叫起来，毕竟它完全不会伤害你。"

"我当然不会尖叫啊。"珍妮特语气坚定，"梅里叔叔，按理说飞蛾不会在这个季节出现呀。"

"但这种飞蛾我们却总能在一月看见，"梅里叔叔回复她，"这是早蛾，你们一定了解它这名字是怎么来的吧！"

孩子们仔细地观察这只飞蛾，它停留在木桩上一动

不动，那一对后翅的颜色比褐色的前翅更浅。

"这是只雄性早蛾，"梅里叔叔说道，"只有雄蛾的翅膀有飞行的功能哦；雌蛾的翅膀非常细小，压根儿就不具备飞行能力，所以只能安于爬行度日。珍妮特，你能发现这只飞蛾，很棒哦！除非特地指出来，一般还真的很难在这种桩子上发现它们。"

珍妮特这下感觉好一点儿了，她刚才看到这只飞蛾的时候没有尖叫，是多么明智的一件事啊。如果飞蛾飞进了学校教室里，她一定会尖叫的。得到梅里叔叔的表扬要比被他指责开心多了。

梅里叔叔掀起地上的一根朽木，瞬间一大群小生物就被吓得四下逃窜。珍妮特险些又要尖叫了，好在不是很明显。

"哦，梅里叔叔！一只蠼螋（qú sōu），"约翰率先发现了，"还有一只，不对，是好多只木虱，一些蜷缩起来了，另外一些逃跑啦。梅里叔叔，当他们身体蜷起来时，看起来就像灰色的子弹，对吗？那些脚多得数也数不清的小东西是什么呀？"

"那是只蜈蚣，也叫百足虫，"梅里叔叔说着，指向一只褐红色大虫，它正在匆忙逃窜，所有的脚齐刷刷地行进，"如果你能仔细数数它脚的数量，就会发现其实只有 15 对，但我们却习惯称它为百足虫。现在你们看呀，那里是一只马陆，看它那圆滚滚、锃亮的深红褐色身体。再仔细观察一下，这儿有只马陆把自己的身体蜷作一团，看起来就像一片平板弹簧似的，你们看看它得有多少只脚啊！"

"这么多只脚要同步行进却又不会互相牵绊，一定是件很艰难的事。"约翰说，"哎呀，梅里叔叔，今天上午我们发现了不少东西呢，是不是啊？我琢磨着应该做一张图表，每次发现点儿什么都写在表上。"

"好主意，"梅里叔叔鼓励道，"你也得把一些鸟类记录上去。瞧，你们知道在那儿蹦蹦跳跳的是什么鸟吗？"

孩子们都看向那边。他们看到的是一只灵巧的淡褐色小鸟，在草丛上活泼地蹦跳着。

"这是一只没有黑色围嘴的麻雀。"帕特回答道。

"错啦！"梅里叔叔说，"这是只苍头燕雀。"

"可是苍头燕雀胸部羽毛是可爱的淡粉橙色呀。"珍妮特抢着说，"看，那里就有另一只！"她指向一只色泽明艳而优雅的小鸟，它有着美丽的粉色胸脯，正好飞到前面那只鸟儿下方。

"你发现的这只是苍头燕雀雄鸟，"梅里叔叔继续解释道，"前面我说的那只是雌鸟，可不是什么麻雀。珍

妮特，雄鸟和雌鸟的区别通常体现在它们全身的羽毛上。还记得之前我们发现的有着黑色围嘴的麻雀雄鸟吗？雌鸟就没有那样的围嘴。好了，记住有着鲜艳的粉色胸脯的是苍头燕雀雄鸟，雌鸟就只是一身褐色，可别把'她'跟麻雀混为一谈。注意仔细观察这些鸟，很快你们就能分清它们各自的差异了。"

"雄苍头燕雀和雌苍头燕雀，"约翰正喃喃自语，"我得把它们记录在我的图表上！"

不知是谁在房子的窗户上重重地敲了几下。

"该进屋了。"梅里叔叔说，"怎么样，这趟花园之旅给你们带来不少益处吧！你们的脸颊都红润起来了，眼睛也都闪闪发亮的，等到二月份我会再领着你们走一段长一点儿的路。到时候我们还会发现很多东西的。再见啦！"

"再见，谢谢您！"孩子们呼喊着，带着迎春花、棉毛莢莱、圣诞玫瑰、乌头、蒲公英、雏菊进屋，约翰的兜里还藏着三只黏在一起的蜗牛！

认识蜗牛

蜗牛是与人类生活关系非常密切的小生物。一般我们说的蜗牛，是指生活在陆地上的"陆生软体动物"，对环境适应能力极强，在花园、苗圃、农田、果园等地方，都能发现它们的踪迹。

蜗牛的壳是蜗牛重要的保护构造，有左旋壳和右旋壳。根据种类的不同，壳上的螺层数也不同。角是蜗牛重要的嗅觉和感觉器官，大多数蜗牛都有一大一小两对触角，有些只有一对。两对触角的蜗牛，眼睛长在大触角的顶端。蜗牛没有脚，依靠扁平而柔软的腹足来爬行，只能前进、转弯，却不能后退。

蜗牛喜欢潮湿的环境，往往会在潮湿的夜晚、下过雨后出来活动。大多数蜗牛碰到干燥或寒冷的气候时，会进行休眠。通常，蜗牛爬行是为了找食物、饮水及配偶。

蜗牛分为植食性、杂食性和肉食性的。大部分蜗牛都是植食性的，主要吃蔬菜、水果、植物等。肉食性蜗牛的摄食对象是其他蜗牛、蚯蚓、昆虫等。蜗牛的齿舌由许多细小的牙齿组成，像一把小锉刀般锋利。蜗牛在进食时是用"刮"的方式，齿舌会因不断地摄食而损耗脱落，但很快就能生长出新的部分。

大部分蜗牛都是卵生。蜗牛常将卵产在落叶堆、土壤层或土缝间。

蜗牛在爬行时，腹足足腺上会分泌出黏液，来帮助它爬行，保护腹部。这种黏液痕迹干了以后，会形成一条闪闪发光的足迹。当遇到危险、休眠时，蜗牛会缩回壳里并用黏液封闭壳口保护自己。

二月自然散步

"身处荒野的那些时光，将会永远伴随着我，每件事都是那么生动与熟悉。大自然本身就是我们的一部分，这真是太棒了。在大自然中，阳光不只照在我们身上，更照进我们的心里；河流不只是流经我们身边，更是流淌进了我们的身躯。在荒野中，每一块石头好像都会说话，就像我们的兄弟一样。"

——美国自然文学家约翰·缪尔

5

在"情人节"散步的发现

一月底时，三个小朋友又重新回到走读学校学习，忙得都没有时间和他们新结识的叔叔去散步。但是转眼就是一个晴朗的礼拜六，他们都在思量着，梅里叔叔是不是有空呢？

孩子们穿上外套、戴上帽子，走到梅里叔叔家去找他。正好他从屋里走出来，脚边自然跟着弗格斯。"你们好，孩子们！"他跟大家打招呼，"你们是打算在这晴好的日子里走上一遭吗？我跟弗格斯都正有此意呢。"

"今天是情人节呢，"珍妮特说道，"小鸟们唱着多么动听的歌啊。梅里叔叔，它们是不是应该在这种日子里选择配偶并结合在一起呢？"

"是的。"梅里叔叔回答说，"瞧，那不正是我们的老

朋友，小苍头燕雀嘛。红润的胸脯、蓝色羽冠的头，在今天看起来都格外鲜艳呢！注意看，它飞翔时翅膀上有两道白条，身旁不正是它那有着淡褐色羽毛的伴侣嘛。它们似乎已经下定决心要跟对方结合并一起筑巢了，你们说是吗？"

"快来啊，梅里叔叔，快点儿过来！"约翰拉着梅里叔叔的手，央求道，"今天就让我们去看遍大自然呈现给我们的一切事物吧，一定会远比上回看到的多吧，因为我们离春天已经越来越近了，不是吗？上周我都看到几只小羊羔了呢，它们好可爱！"

一行人沿着小路走下去，鸟儿围绕在他们身边不停地欢唱。"苍头燕雀正在唱着'乒乒'！"梅里叔叔提醒大家。他们侧耳倾听，而苍头燕雀那"乒乒"的歌声越发响亮而清晰。

"这是它的鸣啭声吗？"约翰问道。

梅里叔叔摇了摇头。

"不是，这是它的叙鸣，约翰。"他回答道，"你们要是细心听的话，就会发现大山雀的叙鸣跟这很相似，它也发出'乒乒'的叫声。苍头燕雀的鸣啭声跟叙鸣声一点儿也不像，它的鸣啭声是'叽叽叽——啾啾啾——叽呜呃儿！叽叽叽——啾啾啾——叽呜呃儿！'"

孩子们正仔细听着，恰巧一只苍头燕雀唱起它的"叽啾"歌来，歌声清晰响亮。"叽叽叽——啾啾啾——叽呜呃儿！"另一只回应了它的歌声。孩子们尽管之前并未听闻，现在却能轻而易举地辨认出这歌声来。

　　"你们如果把这串字符低声细语地说出来，"梅里叔叔说，"这样听起来就更像苍头燕雀的鸣啭声了。试试看，叽叽叽……"

　　孩子们压低嗓门轻声细语地说着这串字符，仿佛自己就是只苍头燕雀。这趟散步过程中，孩子们又多次听到这首婉转动听的歌曲，辨识出来的时候无不心生喜悦。

　　"那是歌鸫（dōng）^①在歌唱吗？"珍妮特问。他们靠近一处小树林时，听到了一只鸟清晰的鸣唱声。

　　"没错。"梅里叔叔说，于是大家驻足聆听。歌鸫在阳光下继续唱着，自得其乐。

　　"咕嘀，咕嘀，咕嘀！"梅里叔叔模仿着唱，"嘀啾嘟，嘀啾嘟，嘀啾嘟，喂咔，喂咔，瑞呢，瑞呢，特噜，特噜，特噜！"

　　"我可是永远都分不清乌鸫和歌鸫的歌声。"帕特承认。

---

　　① 学名欧歌鸫。

"二者的确是很像。"梅里叔叔表示认同,"但你们听仔细喽,现在就有一只乌鸫正在鸣啭。认真点儿听,看看你们能不能发现区别。"

孩子们都静心去听,乌鸫的嗓音悦耳动听,仿佛空气里飘来一阵清澈的笛声。它正儿八经地低吟浅唱,曲调几乎都不带重复的。遗憾的是在曲终之时,它总是会发出一种滑稽的爆炸性的噪声。

"听起来就像是在打喷嚏或者在做类似的事情。"约翰又有独到的见解。

"是啊,可不是嘛!"梅里叔叔笑了起来,"好呀,现在既然两种歌声都听过了,你们能告诉我乌鸫和歌鸫两者鸣啭声的不同吗?"

"我能。"珍妮特回答,"梅里叔叔,歌鸫会重复相同的旋律两到三遍,乌鸫则唱个不停且从不重复。"

"它似乎一直都在为自己唱什么曲调而苦思冥想。"帕特补充道,"歌鸫想到点儿什么事然后复述很多次,但是乌鸫总是会不断地想一些新鲜的事情。"

"歌鸫在歌曲末尾不打喷嚏。"约翰的话惹得大家捧腹大笑。他们继续着前行的旅程。能辨认出苍头燕雀、歌鸫和乌鸫的歌声,孩子们心里都乐滋滋的。

约翰仿佛听见谁在吹口哨,于是驻足不前。"怎么回事啊？"梅里叔叔问他。

"有人在对我吹口哨，"约翰回答，"你们都没听到吗？"

梅里叔叔笑开了花。"难不成你认为有人要抓你？"他说道，"好吧，在那儿呢。你们抬头看看烟囱顶管，瞧瞧那是谁。"

大家都看过去，孩子们不禁笑出声来，原来停在烟囱顶管上的是一只紫翅椋（liáng）鸟。它那鲜艳的黄色鸟喙（huì）张开着，喉部在剧烈地活动着。它口中发出一组奇特的混杂声音，像口哨声、咯咯声、砰砰声和哐哐声的组合。孩子们听到这种声音时都乐坏了。

"椋鸟费尽力气想要学会唱歌，"梅里叔叔说，"可惜它从没学会过。它只会模仿其他声音，这方面的确是惟妙惟肖，经常忙着'咯咯''哐哐'的。那儿又传来它的口哨声了，这一定是它从某个路人那里学来的。"

椋鸟的口哨声飘落至孩子们耳边，逗得他们再次大笑起来。这声音听起来确实就像是某个人在吹着口哨吸引人们的注意力。椋鸟终于停止了唱歌的尝试，飞落到近旁的一块田地里，在那儿有它的伙伴们。

"它们好可爱啊！"珍妮特注视着椋鸟们说，"看看它们那紫色和绿色的羽毛，多么闪亮、有光泽啊，它们还拥有如此耀眼的黄色鸟喙！"

椋鸟们叽叽喳喳叫个不停，它们的羽毛在阳光下闪闪发光。"它们的颜色要比上个月鲜艳多了，"帕特说道，"我还观察到乌鸫也已经不是之前暗淡无光的样子了，现在鸟喙都已经是鲜艳的金橙色了。"

"你们的眼睛可真是越来越尖了，"梅里叔叔欣慰地说，"现在请你们听听看，那又是什么鸟呢？"

只见一只鸟从附近的田地里起飞，在空中翱翔。这是一只体形较大的鸟，但并没有凤头麦鸡那么大，褐色的羽毛也不同于凤头麦鸡的黑白色。

它振翅高飞，直入云霄，化身为天空中的一个小黑点，这个"小黑点"发出一阵阵绵绵不绝的华丽音调。

"好像雨水啪嗒啪嗒地响！"珍妮特说。

"这一定是云雀，"帕特自信地说，"它鸣唱的方式有点儿像金丝雀。梅里叔叔，它唱得没完没了的。"

另一只云雀也飞上天空唱起歌来，又来了第三只。"它们不停地唱呀唱呀，仿佛是手摇风琴一般。"约翰如此形容道，"我喜欢它们。对了，梅里叔叔，今天有各种各样的歌声环绕着我们，我能听得出来乌鸫和歌鸫的、苍头燕雀和云雀的，也在某个地方听到了知更鸟那圆润的歌声。啊，那里有一只林鸽在鸣叫呢！"

"咕噜，"林鸽在叫唤着，那声音轻轻地、悄悄地从树林中传来，"咕噜，咕噜，咕咕咕呜！"

"乡里人说林鸽唱的是'我的大脚趾正在流血……呜'。"梅里叔叔打趣道。孩子们认真地听了之后，林鸽好像的确在念着这串文字，甚至连句子结尾的"呜"都对应得上。约翰又悄悄地牵起了梅里叔叔的手。

"您真是告诉了我们太多有趣的事情，"约翰说，"这些事能帮助我们记住这一切。"

"到此刻，我们这次散步观察到的都是鸟，其他什么都没有。"帕特说。

"可不是嘛，毕竟今天可是情人节啊，"梅里叔叔说道，"快看呀，那群秃鼻乌鸦已经在自己旧日的群栖林地里忙活起来了，你们看见了吗？

6

观察秃鼻乌鸦谋划筑巢

    小伙伴们抵达教堂墓地了，周遭长着几棵粗壮的榆树①，秃鼻乌鸦们就长年累月地在这片树林里筑巢。它们喜欢和同伴们一起筑巢，因为它们是一种友好的鸟，喜欢相亲相爱地聚在一起，一块儿聊天、玩耍。

    在二月一个晴朗的日子里，秃鼻乌鸦们飞回这片栖息地，看看它们曾经的窝。不久之后，它们又得谋划新一轮的筑巢工作了。那么它们的老巢长啥样呢？

    "哈，梅里叔叔，它们可好玩了！"约翰惊呼，"你看，这只秃鼻乌鸦正在啄着自己的鸟巢，看看它是否会化成碎片。那只秃鼻乌鸦和它的'夫人'正在巡视所有

---

    ① 学名英国榆树。

走进春天　**49**

的老巢，就为了找个合适的窝来下蛋呢。"

"它们这会儿看起来很有趣，可是不久之后还会更加有意思呢。"梅里叔叔说道，"我曾在一个秃鼻乌鸦的群栖林地附近住过一阵子，用野外望远镜仔细观察过它们。"

"您都看到些什么呢？"珍妮特迫不及待地想知道。

"我看见它们为了筑巢运来大树枝，"梅里叔叔回答说，"还见到它们为了究竟选择哪个鸟巢而争执不休。有时候，某个淘气捣蛋的秃鼻乌鸦甚至会飞到一个不设防的鸟巢，去偷一两根不错的枝杈占为己有，那种时候得发生多大的争吵啊。好在秃鼻乌鸦们很快就学乖了，总是会留下一个伙伴来守卫自己的新巢，以防被破坏。"

"真希望我也能见识所有这些事。"约翰满怀期待地说。

"当秃鼻乌鸦开始筑巢时，我们必须仔细关注。"梅里叔叔说，"你们听说过吗，据说通过观察秃鼻乌鸦筑巢的情况，可以推断这一年春夏两季的天气走势。如果它们在树木下方的位置筑巢，预示着我们将要面临一个风雨交加的糟糕季节；但若是它们在树木高处做窝，就说明后面的天气将会风和日丽。"

"我懂了。"帕特说，"把鸟巢筑在较低的地方比较安全，不容易被风吹倒。它们好聪明啊！"

他们继续前行，途经教堂，接着又路过有趣的秃鼻乌鸦的群栖林地，最后来到了一间小木屋中。屋外的一棵树上吊着一串花生，是用线穿过花生壳串起来的。

"这是为了吸引山雀！"珍妮特说道，"我以前也这么干过，看到山雀飞来的时候真是好玩极了，但我完全无法区分山雀的种类。"

"那好吧，我们就在这里站一会儿，瞧瞧究竟有哪些山雀会来。"梅里叔叔说，"我待会儿就能告诉你们每只山雀是什么种类！只有三种山雀会为了这串花生飞过来。"

大家就这样等了一会儿后，一只体形较大、色泽鲜艳而醒目的山雀飞了下来，它有平滑而有光泽的黑色头部以及一身黄色和绿色的羽毛。"乒乒！"它鸣叫着，摇动着一颗花生并用力地啄着。

"是大山雀！"帕特第一个说。同时，他也想起了大山雀和苍头燕雀发出的都是"乒乒"这种声音。

"回答正确，"叔叔说，"现在又来了另外一只，你们说它还是大山雀吗？"

"不是。"这回珍妮特抢先说了，"这一定是只蓝山雀，因为它一身蓝色，头顶是蓝色的，翅膀也是蓝色的，下体却是黄色的，与蓝色相映成趣，多美啊。"

蓝山雀

"没错，这是只蓝山雀，"梅里叔叔说，"它可比大山雀要小一大圈，对吧？这会儿又飞来一只更小的山雀——煤山雀。"

大家都仔细端详着这只小巧的鸟，只见它停留在一颗花生上，把自个儿都晃得七上八下的，忙碌地啄呀啄。

"所有的山雀都是杂技演员。"梅里叔叔打趣地形容道，"看看这只煤山雀，观察它与其他山雀有什么不一样的地方。你们能看到它那黑色的头部、背上自颈部起有一道白色的线吗？它的下体是灰白色的，不同于蓝山雀的黄色，它身上的色泽并没有那么艳丽，对吧？"

"对的，"珍妮特说，看着三种山雀在花生上晃荡，"梅里叔叔，您让我仔细地观察它们，我很快就辨别出来了。有着光滑的黑色头部、黄色和绿色羽毛的大鸟就是大山雀！有着蓝色顶部、蓝色羽毛、黄色下体的就是蓝山雀！有着黑色的头部、背部有一条白色线的小鸟就是煤山雀。"

"我们以后还有可能见到长尾山雀呢。"梅里叔叔说，"你们一定认得出它，因为它那长长的尾巴。"

"叔叔，我们今天能再走远一点儿到池塘那里吗？"珍妮特问，"我好想去呀。我敢肯定那里马上就会有一些青蛙卵了，我想去找找它们。"

梅里叔叔看了看手表，"不行，今天时间不够了，"他说，"今天观察、谈论鸟儿的时间太久了，我们下次再去池塘边吧。恐怕下个周六我不能带你们去，我们约好再下一周去怎么样？"

"好的。"孩子们说。约翰兴奋地跳起来，那可是值得期待的一件事啊。

弗格斯也绕着他们蹦跳着。这次散步对它来说有点儿枯燥，它对鸟实在是提不起劲儿来，远不如闻到兔子的气息令它激动。话说回来，散步终究是令人愉悦的！它追随着孩子们的脚步往家的方向赶去，尾巴不住地摇晃着。

"这次我们什么东西都没能带给妈妈呀，"约翰说道，"梅里叔叔，一朵花都没有。"

"那怎么办呢，恐怕这次的确是没有时间再去找任何东西了。"梅里叔叔遗憾地说，"嘿，你们看哪，看到那边爬上树去的小东西了吗？"

小朋友们停下脚步，他们都注意到了一个褐色的小东西消失在附近的树干上，它看起来像是爬上树去寻找些什么。

"是只老鼠吧？"帕特说。梅里叔叔摇摇头。"等等，"他说，"我们马上就能再看到它了。"他说得没错，在树干周围、远一些的地方，再一次出现了那个褐色小东西的身影，这不是只老鼠，而是只鸟！

"是一只旋木雀。"梅里叔叔说道，"这是一种在树皮里面捕捉昆虫的小鸟，它们很爱吃树里的昆虫。它又来了，一次又一次地环绕着树干，每次都爬到树干更高的地方，它一直这么干。"

"我喜欢它。"约翰说，"它好忙啊！梅里叔叔，我的'大自然图表'里又多了一种鸟，等回家后我该多忙啊！"

"再来看哪，这里有点儿东西可以带回去给妈妈。"珍妮特指着附近一些嫩绿色的叶子说道，"叔叔，它们是早期出现的绿叶吗？它们是什么植物啊？"

"这是忍冬①的叶子，"梅里叔叔回答道，"它们总是最早出现的，你们一般能在早春二月发现它们。现在大家都加速前进吧！快点儿来吧，弗格斯！我们回家去！"

大家就这样回家了。

---

① 学名香忍冬，别名欧洲忍冬。

7

树先生和树太太

一天早上，约翰的尖叫声扰乱了全家人的安宁。叫声从游戏室传来，大家都冲上楼去，看看究竟是怎么回事。

约翰站在敞开的窗口前，啜泣着，大颗大颗的泪珠儿从脸庞滑落。

梅里叔叔刚走到门口就惊讶地问道："发生什么事了？"

"我的蜗牛！"约翰哭哭啼啼地说，"一只可怕的大鸟跳到窗台上，把它们一只只地叼走了！那可是我的蜗牛啊！我只不过是把它们放在窗口透透气，就发生了这种悲剧。我是多么喜欢它们呀！"

现在，大伙儿都聚到游戏室来了，听约翰讲着悲伤

的故事。最坐立难安的要数弗格斯了，它一个劲儿地想舔约翰的小手来安慰他。

"一只鸟掠走了你的蜗牛，还能再瞎扯一点儿吗？"珍妮特轻蔑地说，"鸟怎么可能吃得了蜗牛呢？蜗牛的壳如此坚硬。你一定是在瞎编呢，约翰。"

"才不是呢！"约翰气愤地说，"我亲眼看见那只鸟，一开始它站在窗台上往里头看，接下来叼起一只蜗牛就飞走了。那是只挺大的鸟，它的胸部有一些斑点，就跟你脸上的雀斑差不多，珍妮特。"

"是歌鸫。"大家异口同声地说。"但是歌鸫不会吃蜗牛啊。"珍妮特说。

"穿上你们的衣服，跟我走一遭吧。"梅里叔叔说，"我会让你们看看歌鸫究竟在哪儿，它是以什么方式吃掉蜗牛的。我今天本来是打算带你们去进行二月份的最后一次散步的，都给我动作麻利点儿！"

约翰立马不哭了。孩子们迅速穿戴好衣物，然后就跟着梅里叔叔走出房门、走进了自家后院里。他领着孩子们一路走出去，就在快到目的地之前，他比画出一个手势让大家都保持安静。"听啊。"他说。

孩子们都安静地听着，他们听到了轻微而有趣的响声——"嗒嗒嗒，哒哒哒，嗒嗒嗒，哒哒哒"。

"这是什么声音？"约翰小声说。梅里叔叔踮着脚尖儿沿着小路又多走了几步，默不作声地指着不远处的一块大石头。石头旁边正是一只长着斑点的歌鸫，它嘴上叼着一只蜗牛，正把蜗牛往石头上重重地敲击着，试图敲破蜗牛壳。"嗒嗒嗒，哒哒哒！"

　　"它正在敲碎蜗牛壳来获取里头柔软的蜗牛肉呢，"梅里叔叔低声说，"你们看见那块石头了吗？那就是歌鸫的铁砧（zhēn）①，它总是把蜗牛叼到这儿来。瞧那散落了一地的蜗牛壳碎片，它把周围花园里许多蜗牛都处理掉了。"

　　"嗒嗒嗒"，壳破了，歌鸫总算是能够把蜗牛壳里柔软的身体给啄出来了，这只蜗牛就这样被它吃了。蜗牛壳碎片散落了一地。歌鸫飞起来，落到附近一棵树的枝杈上，在一根树枝上蹭蹭嘴，飞走了。它享用了一顿美美的大餐。

　　"你们现在总算是亲眼看到了一只歌鸫是如何处理硬壳蜗牛的场景了。"梅里叔叔说，"睁大你们的眼睛，说不定还能经常遇见歌鸫的铁砧，还有那散落在周围的蜗牛壳碎片。跟我走吧，我们得继续行程了。请注意观察

---

　　① 捶或砸东西时垫在底下的器具，有铁的、石头的、木头的。—编辑注

歌鸫和它的铁砧

沿途遇到的花，现在会有更多的花出现哦。你们一定会看到繁缕和千里光，但这次你们可不能带这些花回家，只能带新发现的。"

帕特发现了第一种新开的花。这是一株微小的蔓生植物，有着常春藤状的叶子和小小的淡蓝色花朵。它生长在田地的边缘处，茎沿着土壤蔓延。"这儿有一朵花！"帕特呼喊着，"快来呀，我是第一个发现新开的花的！"

"你们有谁知道这是什么花吗？"梅里叔叔问。

大家都观察着。

"这跟常春藤有关吧？"珍妮特说，"毕竟，你们看，它有着常春藤形状的叶子。"

梅里叔叔笑了起来。"并不是哦，"他说，"但这些叶子的确透露出了它名字的一部分。它叫作常春藤婆婆纳，你们总是能在年初的时候发现它。这是种挺漂亮的小植物，你们说是吧？但人们总是容易忽略它，珍妮特，表现不错哦，恭喜你得到第一分！"

约翰一下子消失了。他突然间看到了篱笆下河堤边的一朵花，但又像是还在追寻着什么其他东西，只见他顺路摘下树叶仔细地研究着什么。

"约翰，快点儿跟上啊，你在探究些什么东西啊？"珍妮特不耐烦地喊道。

约翰给出一个让人吃惊的答案："我正在寻找野生草莓呢。"其他人盯着他看。

"随你怎么说吧！"珍妮特说道，"二月份的草莓，别傻了！"

"可是，我的确找到了一些草莓花啊。"约翰说，"如果那儿有草莓花的话，就说明那儿或许有草莓啊。"

"约翰，你真是个欢乐的小家伙。"梅里叔叔眼神闪烁，笑着说，"但恐怕你会失望的。那朵小小的草莓花是不会结出任何草莓的！这种花被称为无子草莓，这名字正是因为它压根儿就长不出草莓果实来，我们一起来看看它吧。"

约翰把花拿给大家看，它长得跟草莓花一模一样，就是略小一些，叶子也完全是一个模样。"这花长得有点儿像小小的白色野蔷薇花。"帕特说。

梅里叔叔在帕特的背上拍了拍，"给你一个高分！"他说，"这株植物的确属于玫瑰家族，也就是蔷薇科植物！同样属于这一科的还有花园里种植的普通草莓和真正的野生草莓，我希望你们过段时间能发现这两种草莓。这株微小的无子草莓可长不出香甜可口的红色果子哦，只会生出一个坚硬的疙瘩似的小种子。"

"我现在想去找花啦，"珍妮特说，"就剩下我啥也没找着了。哎呀，看啊，梅里叔叔，您看那像羊羔尾巴的花是不是比我们上次见到它们时长了一些？瞧，它们在榛树枝头摇摆着，身上沾满了花粉。当我拿起一枝摇晃时，黄色的花粉就飘散在空中。"

珍妮特折下一根树枝，凑近仔细观察，她把枝条拿给梅里叔叔："您看，树枝上有一些奇怪的蓓蕾，它们有着小小的、突出来的红色花穗，怎么会这样呢？"

"啊哈，珍妮特找到了一朵花却又不知道那是啥，"梅里叔叔大笑道，"聪明的小姑娘！珍妮特，榛树有两种不同类型的花，一种有雄蕊，长在柔荑花序里头，满是花粉。你找到的这种红色穗状花序的小花，是雌花，之后会长出坚果来的！"

大家全都仔细地看着树枝上那两三个红色穗状如花蕾般的疙瘩，"当清风徐徐吹来，花粉便散落在风中，一部分花粉会被吹到这些红色的花穗上。"梅里叔叔解释着，"然后啊，这朵小小的雌花不久就能结出我们能吃的坚果啦。正如你们所知道的那样，大多数的花，它们的萼片、花瓣、雄蕊和雌蕊都集中在花头，但是榛树不是这样。它把自己的花分成离散的两部分，一种是柔荑花序，而另一种就是这种红色穗状花序的花蕾。"

"然后，榛树就用不着蜜蜂来帮忙将花粉从一朵花搬到

另一朵那儿了。"帕特说，"它用风来传播花粉，真是聪明！"

约翰正与弗格斯一块儿手舞足蹈，他说："嘿，看呀，梅里叔叔，那儿的另一棵树也有柔荑花序。那是棵桦树①，我总是能根据那可爱的银色树干认出它来。"

正如约翰所说，桦树上长着一些微小的柔荑花序，而当大家走到池塘边上时，也见到了桤（qī）木②上头的柔荑花序。珍妮特开心地发现了一株黄花柳，它那褐色的花蕾上长着一些银灰色的柔毛。

"啊，黄花柳树！"她说，"我真是太喜欢它啦。梅里叔叔，您带小刀了吗？请一定让我带一些到家里去，这些银色的柔毛一点儿一点儿地生长出来，然后突然间就变成了黄色粉末状，最后又变成金色的手掌模样，看着这样的过程真是充满乐趣，我喜欢极了。"

"黄花柳有着两种不同的柔荑花序，生长在不同的树上面。"梅里叔叔说，"榛树的雄花和雌花长在同一棵树上，但是这黄花柳或叫猫柳③啊，雄性柔荑花序长在一棵树上，而雌花则长在另一棵树上。"

"就像树先生和树太太一样。"约翰说，"我知道哪一

---

① 学名垂直桦。

② 学名欧洲桤木，别名英国桤木。

③ 猫柳是英文名 pussy willow 的直译，pussy 为猫咪，willow 是柳树。

棵是树先生，就是有着金黄色手掌状花的，我敢肯定那金色的就是雄蕊。"

"没错，"梅里叔叔回答，"待会儿你们可以试试看把花粉摇晃出来。树太太的柔荑花序更长一些，也更绿一些，可就远没有它先生的这么漂亮啦。我们将会在下个月找到它们。这是给你的，珍妮特，你要的一两束银色花蕾。"接下来，孩子们的注意力都转移到池塘里去了。约翰大叫一声，吓得珍妮特差点儿掉到水里去。

自然小课堂

和一棵树做朋友

美国自然文学家约翰·缪尔说："能够把每一棵树都当成朋友的人，是快乐的。"你可以寻找一棵你喜爱的树，给它取一个昵称。你可以一有空就去和它说说心里话，和它做好朋友，做笔记来记录它的变化、它的故事、它的邻居，以及你们之间的一点一滴。

8

春天来了

"已经有青蛙卵啦！看啊！快看哪！"

果然，那儿的确是有青蛙卵。大家都盯着那团东西看，像是白色果酱中夹杂着的黑色斑点一样。其中一部分已经靠近池塘的边缘。帕特用一根树枝把它们拨近了一些。弗格斯想咬一口尝尝，但它们实在是太滑了，直接溜出了小狗的嘴巴。

"喂！弗格斯，你居然连青蛙卵都想吃！"帕特一脸嫌弃地说，"梅里叔叔，看看那些果酱里的黑色小圆点呀，它们不久后就会孵化成小蝌蚪，对吗？"

"没错，很快就会，"梅里叔叔答复道，"你们能听到青蛙呱呱叫的声音吗？它们发出的真是十足的噪声。"

"我认为青蛙拥有多姿多彩的一生，"约翰挺严肃地说着，"我还挺希望自己生下来是一只青蛙呢。一开始我躺在果酱里，接着孵出来就能拥有一条精美的长尾巴，在水里遨游。然后呢，我就该发现自己也能呼吸空气啦，长出腿脚的同时尾巴却变短了，再到美好的潮湿沟渠里生活。到那时我就该长成一只正常的青蛙啦。"

"蟾蜍是否也产卵呢？"帕特问道。

梅里叔叔点了点头，说："没错，但它们产下来的卵不像一团果酱状，而更像是一条线串起来的一串果酱。往后我们会去寻找它们的，缠绕在水生植物的茎秆上，有着黑色的斑点，而这些斑点就是卵。"

"我下个月还想回到池塘来看小蝌蚪。"珍妮特说。

"你是得来看看，"梅里叔叔说，"到时你还会看到各种有趣的昆虫浮在池塘的表面，有豉甲、划蝽（chūn）以及其他昆虫。池塘是一处值得一看的生意盎然的地方，那里总是上演着很多有趣的故事，既有发生在水面上的，也有发生在水面下的。那就是一个自成一体的小世界。"

"梅里叔叔，哇，看呀，那儿有只蝴蝶！"珍妮特猛地叫起来，"哎呀，这是不是有点儿早啊？它是这个月从蛹里破壳而出的吗？"

"不是这样的。"梅里叔叔说。大家的目光都注视着这只在阳光下翩翩起舞的黄色蝴蝶。他继续说道："有些蝴蝶也会冬眠，就像蝙蝠和蛇那样，睡一觉整个冬天就过去了。我们看见的这只钩粉蝶就是一种会冬眠的蝴蝶，同样这么做的蝴蝶还有优红蛱（jiá）蝶、孔雀蛱蝶和荨麻蛱蝶。在我家卧室的天花板上，曾经有只孔雀蛱蝶蜷缩在那儿，整个冬天它都在那儿呼呼大睡。它的翅膀都有点儿残破、粗糙了，但当它熬到了温暖的阳光照射到身上时，马上就醒了，拍拍翅膀就从我的窗口飞走了。"

"又能看到蝴蝶真是太好啦！"帕特说，"梅里叔叔，这又是一种拥有奇妙一生的小生灵啊，您说是吗？一开始是卵，然后是毛毛虫，接下来是蛹，最后成为蝴蝶，确切地说应该是拥有奇妙四生。"

"抱歉，到了该回家的时间了，"梅里叔叔说，"都过来吧，我们没准儿能在返程的路上发现一些新东西呢。你们注意到树上那些叶芽现在长得有多宽大、多好看吗？就连水青冈①的叶芽也没有那么尖锐，那么棱角分明，至于七叶树②的叶芽嘛，那可就实在太肥大了。"

"梅里叔叔，我想要一些七叶树的叶芽，谢谢您啦。"约翰恳求，"我喜欢它们黏糊糊的手感。瞧，那儿不就有一棵七叶树嘛，您能帮我采几枝吗？"

---

① 学名欧洲水青冈。
② 学名欧洲七叶树。

梅里叔叔很高大，不一会儿就折下几枝褐色的树枝交给了约翰。小男孩触摸着，它们那种黏糊糊的感觉，就像有人给它们涂了胶水。

　　"叶茎上这些有意思的记号是什么？"他指着一些马蹄形的记号给梅里叔叔看，问道，"它们像极了微型的马蹄，但绝对不可能真有马儿在这些树枝上踩踏过！"

　　大家都被约翰给逗乐了。"那是去年的树叶长过的地方，"梅里叔叔解释道，"当树叶凋落时，就会留下这些印痕。它们的确很像马蹄，不是吗？那么，约翰，你知道这些叶芽为什么会黏糊糊的吗？"

　　"为了防止霜冻。"约翰迅速回答。

　　"完全正确。"梅里叔叔表扬道，"嘿，快看，那是些什么东西啊？"

　　大家朝着篱笆那儿望去。那里有一丛常春藤，一团像靴子上的纽扣一样的黑色浆果零散地生长着。"常春藤结果了！"珍妮特说，"叔叔，它们居然在冬天长出了果实，挺有意思吧？我想带点儿回家，我喜欢它们，看起来真是和我上学穿的鞋子上的黑色扣子一模一样。"

　　就在采摘常春藤果子的时候，珍妮特的目光被一只迅速移动的灰色动物所吸引，那个小东西正跑向附近的一棵水青冈树。

"我看到了一只松鼠！它向那棵树跑去了，我看见它了。梅里叔叔，松鼠是不是都已经醒来了呢？我还以为它们一直要等到冬天过去才会睡醒呢。"

"这得看天气如何。"梅里叔叔回答，"如果还是天寒地冻、严寒刺骨的话，松鼠是不会醒来的；但若是有一段天气持续暖和的日子，那么即便是在一月份，我们都有机会看到它们活蹦乱跳地找寻去年十月藏好的坚果。"

"你看它又出现了。"帕特也发现了。于是，大家就都观察着这只毛茸茸的灰色小动物和它那蓬松长毛的尾巴，只见它从树上蹦下来，刚落到平地上又跳上了另一棵树。

在回家的路上，他们还在一座小木屋的花园中看到了一些白色的雪滴花，而当大家走到梅里叔叔家的前院时，发现金色的番红花开放了，一只蜜蜂正在其中一朵花里"嗡嗡"叫呢！

"啊，当我们听到蜜蜂的嗡嗡声时，说明春天真的到来了。"梅里叔叔说，"这是多么美妙的声音啊！它正在那朵黄色的番红花的花心里搜寻花蜜呢。"

大家与梅里叔叔互相道别，各自回屋。孩子们迫不及待地冲到妈妈跟前，她看到他们带回家的一切，觉得十分惊喜。"我得说，你们能跟着梅里叔叔一起出去走走，真是太幸运了。"她说。

自然小课堂

和大自然交朋友

约翰·缪尔认为，大自然中的每一样事物都是有生命的，都有着属于自己的独特之美。

他说："只要我还活着，我就想永远听到瀑布、鸟儿和风的歌唱。我要去认识那些未知的冰川和野外的大花园，尽我所能地去探寻这个世界的心。"

正是他对于所有生物的热爱之情，使他成为美国自然文学的代表作家之一。那么，如何才能跟大自然建立起感情，成为朋友呢？

你可以在自己家的周围，选择一些让你感兴趣的自然之物，可以是一种植物、一只动物，或一处自然景观。你可以观察一棵树、一只鸟、一朵花、一株草，甚至一阵风。你先想象一下它们是如何生活的，为何如此独特，然后再告诉它们，你喜欢它们的理由。

三月自然散步

三月来临

伊妮德·布莱顿

二月从寒冷的花园里溜走，
挥挥手对雪滴花说声再见；
番红花身披紫金闪耀抖擞，
乌头花像眼睛凝视着天空。
二月说完再会即转身逝去，
花园陷入沉寂与安宁；
堇（jǐn）菜悄悄一瞥便含羞独处，
知更鸟跃来啼啭如银铃。
众生皆盼三月来到，
来时如羊温柔轻盈，
若是如狮暴怒喧闹，
撼动树木枝颤心惊。
花园在观望和等待，心知：
三月若如羊而来，去时必如狮。

9

鸟儿为什么要歌唱呢？

　　三月气势汹汹地来了，像一头咆哮、怒吼的雄狮。树木瑟瑟发抖，发出嘎吱嘎吱的响声，白云掠过蓝天，而孩子们则盼望着放飞风筝。

　　三月的第二周，梅里叔叔捎来口信，说他将要和弗格斯去远足，鉴于路途遥远，问孩子们是否愿意同行，尤其是约翰的小短腿是否吃得消。

　　这可把约翰给气坏了。"弗格斯的腿要比我的短多了，它都能去，"约翰说着，"我也要去！"

　　就这样，在三月一个起风的晴朗早晨，三个孩子全都跑去加入梅里叔叔的队伍。此时，梅里叔叔正在自己的花园里观赏着水仙花萌发的第一朵黄色花蕾。那满园的黄色、淡紫色的番红花，像是给花园铺上了一层地毯，

蜜蜂正在这些花上面盘旋忙碌着。

"嘿，你们好啊！"梅里叔叔见到三个孩子非常高兴。弗格斯更是绕着他们欢乐地跳起舞来，还愉快地发出几声滑稽的"汪汪"声。它早已听到了那个神奇的词"散步"，并且还看见自己的主人从门厅里拿起手杖。

"今天我想走一段远一点儿的路，一直走到绿地那边。"梅里叔叔说，"这会是一段愉快的旅程，沿途可以发现各种各样的事物，快跟上来吧。"

一行人动身前行，周围传来鸟儿们欢快的鸣啭声。孩子们骄傲地一一辨认出不同种类鸟的歌声，这可是他们上两个星期认真倾听、潜心钻研这些歌声的成果。

"苍头燕雀！"约翰一听到熟悉的"叽叽叽"的声音时，脱口而出。

"歌鸫！"珍妮特赶紧说，她听到了树旁的一只鸟发出"咕嘀、咕嘀"的声音。

"椋鸟！"帕特也认出了一只，小木屋的屋顶上传来一阵咝咝、咯咯和口哨般的声音。

"好样的，孩子们！"梅里叔叔愉快地鼓励他们，"我得夸夸你们，带你们出来散步是值得的！这是多么美好的一天啊！我都有种想要歌唱或吹口哨的感觉了！"

"鸟儿为什么要歌唱呢？"珍妮特好奇地问道。

"它们在春季吟唱如此美好的旋律，是因为想要吸引配偶和它们共同筑巢，并一起生活。"梅里叔叔解答道，"此外，雄鸟在春天会披上色彩缤纷的美丽外衣，也是出于同样的原因——它们急于吸引来一个伴侣。而现在，它们马上就要忙着建造鸟巢，同时也就停止鸣啭了。"

"叔叔，快看啊，那里有一个鸟巢！"珍妮特突然叫起来，指向一棵七叶树的枝杈，那儿的确有一个鸟巢。当大家注视着的时候，一只鸟正好飞走，那是一只歌鸫。

"现在就筑巢，实在是太早了一点儿吧？"帕特问道。

"歌鸫与乌鸫一般会较早筑巢。"梅里叔叔回答说，"要不我们去瞧一瞧，看看巢里有没有鸟蛋，怎么样？"

他将约翰举起来，小男孩发出一声惊叹："啊！那里有一颗蛋，长着黑色斑点的蓝色鸟蛋。哇哦，真可爱！"

接着，珍妮特和帕特也非得让梅里叔叔举起来看一眼。"叔叔，这可真是个精致的鸟窝啊！"帕特说，"鸟窝里头是一层光滑的淤泥。"

"是的。"梅里叔叔说道，"歌鸫总是喜欢给自己的小窝填上一层泥巴垫底；乌鸫也这么干，但是它会在泥巴之上再垫上一层由细细的青草或植物茸毛组成的软软的草垫子。如果你们找到旧的乌鸫或歌鸫的鸟巢，就能以此为线索辨认出来。"

"以这种方式来开启我们的散步真让人激动啊！"帕特兴奋地说，"嗨！我们正经过一个农家庭院呢，好开心啊！"

每个孩子都喜欢在农场周边逛逛，在那儿总能看到很多新鲜事物。绵羊和小羊羔们在牧场里；母鸡和黄色的小鸡们跑来跑去；鸭子和雏鸭们脚步蹒跚地走向池塘，扑通扑通地跳入水里；小鸭子们划水游玩。

"如果要把自己的脚当作船桨来使用的话，我认为拥有蹼足真是个非常棒的主意！"约翰说道，"看看鸭子们那有趣的嘴啊。叔叔，这种形状的嘴是用来帮助它们在池塘底部刮除淤泥的吗？"

"的确是这样，"梅里叔叔说，"水和淤泥都会从它们那勺子形的嘴里流出去；而水生昆虫则会被大嘴捕获，留在嘴里被吃掉。"

小猪崽们尖叫着，红色和白色的小牛犊在附近的田野上肆意撒欢儿，见到这些新生的小动物真是令人愉悦。

他们继续往前走。"梅里叔叔，昨天在我们家的假山那儿，我看到一些蜗牛已经醒来了。"约翰说，"我捡起一只，它原本那扇坚硬的前门消失不见了，底下摸起来是软软的、黏黏的。蜗牛经过的地方为什么会留下一条银色的轨迹呢？"

绵羊和小羊羔们

母猪和小猪崽们

"是这样的，当它经过坚硬的表面时，会留下一条有黏液的痕迹来帮助它前行。"梅里叔叔回答道，"它可是个有趣的小生物，不是吗？你们可知道蜗牛触角的顶部长着眼睛吗？它会把自己的眼睛翻进翻出的，就像是你们穿的长统袜卷上去、卷下来一样。"

"哇，真想不到竟然能在触角上长眼睛！"帕特惊叹道，"梅里叔叔，下回我一定仔细观察蜗牛的触角。"

"那是什么呢？"约翰指着田地里的一些小土丘，它们排成不规则的一条线，问道，"叔叔，是什么堆出这些小土丘的呀？"

"你不知道吗？"梅里叔叔很意外地说，"怎么会不知道呢，是小鼹鼠堆出来的。"

"鼹鼠是什么动物啊？"约翰追问道，"我从来没见过它们。"

"好吧，这也难怪，因为它通常都住在地下。"梅里叔叔说，"它在泥土里挖地道，追寻蚯蚓和其他它爱吃的虫子作为食物。你看到的那些小土丘正是它挖掘时翻出来的泥土，农民和园丁们可不怎么待见鼹鼠'大师'！"

"叔叔，它长什么样啊？"约翰继续问，"它又是如何在土里挖地道的呢？"

"它是一种长相怪异、一身灰毛的小动物，"梅里叔

叔回答说，"有着奇怪的像铲子一样的前掌和强有力的爪子，能帮助它在泥土里挖掘通道。明天我会给你们看一张鼹鼠的图片。哪天兴许我们足够幸运的话，还能发现一只爬到地面上来的鼹鼠呢，到时候再好好地观察一下吧。"

大家离开那些小土丘，继续前行。他们又来到了秃鼻乌鸦的群栖林地。这一回，此地已是"鸦"声鼎沸，秃鼻乌鸦们的聒噪声、争吵声不绝于耳，筑巢工作正在如火如荼地进行。孩子们看到它们飞来飞去，为各自的大鸟窝衔来树枝。

"听上去就好像它们真的在互相聊天一样。"约翰说，看着秃鼻乌鸦们把它们的头侧过来，叽叽喳喳地大声叫嚷。

10

被叫作"篱边杰克"的花吸引

　　"今天我们还没采到一朵新发现的花呢。"珍妮特说，她一路蹦蹦跳跳，弗格斯在她脚边想咬她的鞋带，她又对弗格斯说，"别乱咬，弗格斯！你会把我绊倒的！"

　　孩子们一边走，一边在寻找花。他们必须找到点儿新开的花带回家！不一会儿他们就找到了很多，因为每年从这个时候起，每个礼拜都会有一些新的花开放。

　　"这是什么花？"珍妮特停在一株长着一串绿色花朵的植物旁边问道，"绿色的花，好有趣呀！"

　　"这是多年生山靛，"梅里叔叔回答，"你还记得黄花柳的雄花或柔荑花序长在一棵树上，而雌花长在另一棵树上吗？那么，多年生山靛采用的也是同样的方式。你们眼前看到的这朵就是雄花，风吹来时它会摇晃绿色的枝条，然后把花粉吹散在空中去寻找雌花——我们很快会看见雌花的，它的枝条不如雄花这么长。"

"那为什么这花是绿色的？"帕特也提了个问题。

"这个嘛，如果你自己稍微想一想，不一会儿就能猜到原因。"梅里叔叔答道，"花朵只有在需要蜜蜂帮助它们将花粉从一朵花运到另一朵花的时候，才会把自己打扮得色彩鲜艳，长出宽大的花瓣和产生大量花蜜。而那些风媒花并不需要刻意引风来，因为风一直都在啊。风既没有眼睛和鼻子，也尝不出花的味道，那么植物根本就没必要长出有颜色的花瓣或产生诱人的花蜜来啊。"

"噢，我懂了。"帕特说，"看啊，榕叶毛茛！它们多可爱呀！那么光滑，那么闪亮。"

大家来到一块有荫蔽的地方。金色的榕叶毛茛长势喜人，布满一地。在和煦的三月暖阳里，它们绽放着金色星星般的花朵，那花瓣像被擦亮过，或像是涂了层瓷釉。

"它们属于毛茛家族吗？"珍妮特问，"它们看起来有点儿像毛茛。"

"这种榕叶毛茛确实属于毛茛科植物。"梅里叔叔回答，"快来看，有谁知道这朵小花属于哪科植物？"

他摘下附近的一朵小花。这花有着毛茸茸的粉色茎，叶子边缘有一圈美丽的荷叶边，还长着很多茸毛。花被叶子隔开，这种藏蓝色的花被分成一个个唇瓣。

"唇形家族，唇形家族。"约翰第一时间就嚷嚷起来，一边用手触碰着它那四棱形的茎。

"是唇形科植物。"珍妮特说，感觉自己说得更专业。

"这是欧活血丹，"帕特说，"可是它一点儿也不像常春藤，是不是？"

"完全不像。"梅里叔叔回答说，"你说对了，这是欧活血丹，看这长满一地的样子啊，春天里它们长得遍地都是。"

"那儿已经有棵小树长出绿叶来了呢，"珍妮特问，"这是什么树呢？"

"这是一棵接骨木[1]，"梅里叔叔回答，"它总是最早长出新叶来。以后我们还会看见它一团团气味浓烈的花，等到秋天它还会结出大量紫色的浆果。"

"这时节，蒲公英和雏菊也比之前多了。"帕特说。可不是嘛，到处都能见到雏菊那大朵的金色花头和黄色的花心。在路过一处高高的篱笆时，约翰的注意力被一朵新开的花吸引了去。

---

[1] 学名西洋接骨木。

"等一下！"他呼喊大家，"新开的花！等一等！"

其他人都等着约翰把花摘下来。"哎哟喂，我们这一路上遇见这朵花差不多有二十次了吧，"梅里叔叔大笑着说，"我正估摸着，要到什么时候你们才能发现它。"

"这属于十字家族的十字花科植物，"帕特立刻说，"你能从它的四片花瓣来判断，呈十字形，两两相对。"

"十分正确。"梅里叔叔高兴地表扬他，"这是葱芥，也叫'篱边杰克'①，是一种特别常见的花。看看长在这种植物顶端那一簇簇白色的花和花蕾啊，还有巨大的心形树叶。我来揉碎一些叶片放在手里。来闻闻看吧，我的手有什么味道吗？"

"大蒜味儿。"帕特脱口而出。的确就是这个味儿！

"篱边杰克，"珍妮特念叨着，"我喜欢这个名字。"

"在我们穿越树林的时候，记得要搜索新开的花哦，"梅里叔叔说，"我们在那儿一定能找到一些的。"

他们确实找着了。珍妮特发出一声激动的尖叫，她看到了第一朵黄色的报春花，花儿长在皱皱的树叶围成的莲座状叶丛里。小姑娘摘下花来，插到梅里叔叔的扣眼里。"您一定得收下这朵花。"她说。

---

① 是英文名 Jack-by-the-hedge 的直译，hedge 为树篱。

“那我还得加上一片树叶，”梅里叔叔说，“树叶能把花的黄色衬托得很美。”

“这些树叶是皱了吗？”珍妮特觉得惊奇，弯下腰来采了一片，“叔叔，这是有什么原因吗？”

“当然喽，”梅里叔叔马上回答说，“凡事皆有原因。报春花的叶子是皱皱的，这样一来，当下雨时，雨水便会顺着这些皱褶形成的小通道流下来，流到植物的外面而不会滴落在植物中间宝贵的花蕾上。你们看它们的叶片是外翻的，这样就能把雨水带走，看到了吗？”

“在乡村能发现好多锦囊妙计啊！”帕特说，“我全都想了解！”

“那行啊，等你活到一百岁，估计能了解其中的百万分之一吧！”梅里叔叔笑着说。

孩子们发现了藏在深绿色树叶下可爱的堇菜，采了一小束美丽的花打算带回家。他们看到许多优雅的栎木银莲花在浅粉色花梗上随风飘荡摇摆，精致而甜美。

“多么可爱的小花呀！”珍妮特说，“它们像是在和风儿跳舞一样！”

“那当你知道它的另一个名字是‘风之花’时，应该不会觉得意外。”梅里叔叔说，“你们谁能讲出来它是属于哪个家族的呢？”

于是，孩子们仔细地瞧了瞧这些娇美的风之花。"这有点儿像白色的毛茛。"帕特说。

"真棒，"梅里叔叔说，"这是属于毛茛家族——毛茛科植物，我们回家后可以在书上查查看。"

梅里叔叔已经把自己的花卉之书拿给孩子们看过了。他们特别喜欢那本书，认为能在书中找到某一朵花并且阅读与之相关的资料是件充满乐趣的事情。

"现在我们终于要去绿地了，"梅里叔叔说，"我们走过了多么漫长的一段路啊！"

他们来到绿地里一处温暖的地方，在一片帚石南间坐下来，近旁是覆盖沙子的堤岸。珍妮特看了一眼什么，马上发出一声刺耳的尖叫，吓得大家都跳了起来。

"有条蛇！这里有条蛇！"她哭喊道，"哇，好恐怖的东西！杀死它，梅里叔叔，快点儿！"

梅里叔叔看上去很生气。"别犯傻了，珍妮特！"他说，"这根本就不是蛇，这是只蜥蜴，一只无足蜥蜴①！"

孩子们凝视着这只无足蜥蜴，心里嘀咕着，这看起来的确很像一条蛇。但是他们相信梅里叔叔所说的，这只不过是一只没有脚的蜥蜴罢了。"这完全是无害的。"

---

① 英文名 slow-worm 或 blind-worm，直译为慢蠕虫或瞎蠕虫。

他说，"等等，我试试看能不能抓一只给你们看看。"

他轻手轻脚地滑到沙堤上，然后，一个箭步冲过去，把自己的手掌覆盖在无足蜥蜴身上。梅里叔叔把手里的蜥蜴展示给孩子们看，它明亮的眼睛也盯着孩子们，拼命想要扭动身体逃跑。

"它并不瞎啊！"帕特说，"它有眼睛的！"

"它也并不慢！"珍妮特附和道，"动起来还很敏捷呢。"

"而且它也并不是一条虫，"梅里叔叔接着说，"真是前所未见的名不副实！这是只小巧可爱的没有脚的蜥蜴，你们看它钻到帚石南丛中去了。它没把自己的尾巴留下，这是件好事。在受到惊吓时，它们有时会把尾巴留下来。"

在温暖的阳光下，大家都四仰八叉地躺了下来。过了一会儿，梅里叔叔在萦绕于耳边的各种鸟的歌声中听到了某种不寻常的声音，随即坐了起来。他微微一笑，说道："啊，我就说今天应该能看见它。这是春天里最早返回的鸟儿之一，是一只小小的穗鹀（bī）。我刚刚听到了它几声零星的叫声。"

大家一下子都站了起来，孩子们谁都不知道穗鹀长什么样。他们看见一只漂亮的小鸟，它的尾巴和下体都是白色的，从耳朵到鸟喙处有一条黑色的条纹。

"它就在那儿呢！"梅里叔叔说，"看它那黑色的条纹，准错不了！欢迎你，小穗鹀，你总是第一个回归的候鸟！"

"燕子①和毛脚燕不久也该回到我们身边了，是这样吗？"珍妮特问，"还有布谷鸟，那将多么美妙呀②。哇，穗鹀过来了，我喜欢它，很高兴我们能遇见第一只候鸟。"

"好嘞，我们也得迁徙回家去喽！"梅里叔叔站起身来，说道，"来吧，弗格斯，你就留下几个兔子洞给别的狗吧。"

"这回我们几个都有东西可以带回家去了，"珍妮特说，"梅里叔叔，您得到了第一枝报春花，我们每个人都有一束美丽的花！"

"弗格斯可还啥也没有呢，"约翰说，"我敢肯定它也想要点儿什么。"

"这儿又没啥可以给他的。"珍妮特说，"别傻了，约翰，它什么都不需要。"

"它需要，它也想要一朵花。"约翰不服气地说。他朝着弗格斯弯下身子，小狗立刻舔了一下他的鼻子。约

---

① 学名家燕。
② 学名大杜鹃。

翰把一朵花插在弗格斯的颈圈里，无比自豪地看着其他人。

"瞧，它得到了最适合自己的花，一朵狗薪（lí）草①！"

大家就这样一路大笑着回家去了！

自然小课堂

虫媒花和风媒花

散步过程中，梅里叔叔给孩子们讲解了虫媒花和风媒花的区别。我们来具体了解一下它们。

大多数花依靠昆虫来帮它们传递花粉，即虫媒花。而风媒花，依靠风力传送花粉，像草本植物，花朵微小，没有花蜜和香味，很难被昆虫发现。风会帮它们授粉。在阳光明媚的日子里，风轻轻吹起草儿的花朵，裹挟着像尘埃一样的花粉，带给同类植物。

---

① 多年生山靛的别名。

11

找寻新开的花

　　三月的天气，经常是白天狂风大作，夜晚喧闹不息，还有短时雷阵雨相伴。好不容易迎来几个暖和、天气晴朗的好日子，风渐渐平息，树很安静。孩子们开始期盼着梅里叔叔能在某个周六带上他们去散步，迫不及待地等着他能送个口信，告诉他们他正有此意。

　　到了周六早晨，弗格斯一阵儿小跑，到了孩子们的家门口，嘴里衔着个白色的东西。

　　"是梅里叔叔的便条！"约翰兴奋地叫出声来，"哇哦，弗格斯，你可真机灵！"

　　"汪汪！"弗格斯高兴地叫着回应。正当小狗张开嘴汪汪叫的时候，便条就从它口中掉落了。约翰猛扑上去，珍妮特从他手里抢了过来，帕特打开便条，最后大家凑在一起看。这是张很短的字条：

今天下午两点钟，但恐怕只能是一次很短距离的散步。

"唉，只是很短的散步！"约翰失望地说，"但是，不要紧，只要是和梅里叔叔一起散步就好！"

就快到两点了，三个小朋友已经在梅里叔叔家的大门口等候。他们趴在围墙上，看到越来越多的水仙花开放了，还有所有黄色的番红花都已凋谢，只剩下那些紫色和白色的。

"看看那小巧可爱的蓝瑰花，"珍妮特说，"它们是不是特别蓝？看假山那边还有很多蓝色的花，它们的叶子绿绿的，很光滑。"

"这是小蔓长春花。"帕特说，"随着越来越多的鲜花盛开，花园也变得越发美丽。每间小木屋的花园里都有报春花和西洋樱草，有些甚至还有桂竹香呢。"

"我这就来了！"熟悉的声音先传了过来，同时还有卧室窗户后面挥舞的手。接着，前门打开了，弗格斯猛冲出来，激动至极。一次散步，多么美好呀！它今天会邂逅兔子吗，能抓到一只吗？抓到一只兔子并且用力地摇晃它，这可是弗格斯一生的梦想。

梅里叔叔出现了。"羡慕我的花园吧,"他问道,"现在这儿很美,是不是?处处鲜花盛开,我们今天一定能找到很多花,但我担心也许我们找不到那么多新开的花。不过,还是会有大把大把的栎木银莲花、堇菜和榕叶毛茛。"

"叔叔,为什么我们这次散步的时间很短?"约翰不解地问。

"因为我得赶火车去城里,我得在那儿待上两周。"梅里叔叔解释道。

孩子们都感到很悲伤,这么长时间见不到他们的朋友,可着实让人不太好过。

"那等您返回的那一天,是不是就能带我们去散步呢?"珍妮特终于忍不住问道。

"等我回到这里的那一刻,我就带你们去散步!"梅里叔叔说,"所以都给我提起精神来!你们刚才就已经错过了一朵我们未曾见过的完美的新花。"

这话使得孩子们开始四处张望起来,他们已经把"错过一朵新花"视作一件挺丢脸的事情。

"这花长啥样呀?"约翰问。

"我们马上就会遇到另一朵同样的花啦!"梅里叔叔说,"啊,帕特已经看见了。不对,他还没有发现。哎呀,真是的!"

帕特盯着梅里叔叔看了看，然后对着他刚刚看到却未曾驻足停留的花又多看了一眼。"您说的是那朵花吗？"他问道，指着阳光下河堤上一朵鲜艳的黄花，"但是我们之前就看见过它呀，这不是蒲公英嘛。"

"帕特！我真为你感到害臊！"梅里叔叔有点儿恨铁不成钢地说道，"约翰，你认为这是一朵蒲公英吗？"

"不是，"约翰说，"这花要比蒲公英小一点儿，虽然它们有着同样鲜艳的颜色，但形状有点儿不一样。它的茎真好玩——上头一片叶子都没有，而蒲公英有着锯齿状的叶子。"

"真不错，"梅里叔叔说，"我敢打赌，你长大后能成为一名优秀的植物观察员。约翰，没错，你说得对，这并非蒲公英，而是一朵款冬花[①]。"

"款冬花，"帕特重复着，又补充道，"至少我从来没有听过这个名字，或许只是作为小马驹身上的部位听到过吧。"

"但你一定见过款冬花，在这里的每个春天你起码见过上百次。"梅里叔叔指着阳光下河堤上那一大片鲜艳的黄色花说道，"我猜，你每次看见它们时都以为那只是缩小版的蒲公英吧。"

---

① 英文名 coltsfoot，直译为小马驹的脚。

帕特的神情略显尴尬，梅里叔叔的话真是一针见血、直击痛处！"那么它的叶子在哪儿呢？"他问，"我一片都没看见。"

"叶子迟一点儿会长出来的。"梅里叔叔回答，"你们还记得同样没有叶子的圣诞玫瑰吧，它的叶子也会晚一些出现。摘下一些款冬花，让我们来仔细瞅瞅。"

不一会儿，每个孩子都拿着两三朵黄色的花。"叔叔，我敢肯定它们属于蒲公英家族。"珍妮特说，"那不正是由花儿或小花组合而成的花头吗？"

"没错，"梅里叔叔说，"款冬花是菊科家族的一员。你们看看这个毛茸茸的茎好玩吗？"

"真好玩，"约翰说，"它是鳞状的，就像蛇一样！"

"为什么它的名字是'马驹脚'？"珍妮特问，"真让人百思不得其解！"

"当你看见它的叶子就会明白了，"梅里叔叔说，"那叶子长得有点儿像小马驹在草地上留下的脚印。它们很容易识别，不仅是因为形状，还因为刚长出来时会有毛茸茸的蛛丝一样的东西，你能用手抹去。改天我们再来寻找款冬花的叶子。"

"这儿到处都是多年生山靛，比之前茂密多了，"在往前行进的路上，帕特说，"它们那暗绿的颜色多么明显啊。

瞧，现在那儿的篱边杰克也有不少了！我得去摘下一点儿来，捣碎它的叶子，因为那样闻起来像大蒜的味道。"

"弗格斯可不喜欢这种味道。"约翰说，"如果你闻起来一股大蒜味儿，它一整个下午都会离你远远的。"

帕特可不想要弗格斯对他避之不及，所以他没有采摘篱边杰克。

大家走进树林，在那儿发现了一株小巧迷人的植物。珍妮特第一个发现并跑过去看："哇，看呀，这一定是新出现的！"

"它的叶子就像草地里的车轴草，"约翰说，"也像我们在家里玩的扑克牌——梅花牌，那种牌面上有车轴草图案的。"

"叔叔，这叫什么呢？"帕特问。

"这是白花酢（cù）浆草，"梅里叔叔回答，"这些白色夹杂着淡淡粉色的花，是不是很精致？另外，你们是否注意到花梗和叶柄都是粉色的？"

"梅里叔叔，看看我的白花酢浆草，"约翰说，"它把自己的叶子都合拢起来的样子好滑稽啊。叶子的背面聚集在一起，就像蝴蝶合上自己翅膀时的样子。"

确实，某些三瓣形的叶子收拢在一起，正像蝴蝶的翅膀，看上去有点儿怪异。"它们会在开花前、夜间或是天气不好的时候这么做。"梅里叔叔说。

他们在树林里并没有发现更多新开的花，不一会儿就重新徜徉在阳光下。"蓝铃花的穗状花序开始变绿了，很漂亮，我大概见过一两次花穗初生时的样子。"约翰说，"等到了五月，那片小树林将会被这种可爱的花点缀成一片蓝色的海洋。到时候我们再来散步，将会看到多么美丽的场景啊！"

自然诗歌

平静的一天

伊妮德·布莱顿

天空蓝蓝，树木静立如钟，

微风吹拂，树叶纹丝不动。

小小云朵，飘于高远天际，

仿佛入睡，静卧安躺于此。

唯有蜜蜂，嗡嗡不绝犹醒，

花间枝头，摇摇花粉不停。

岁月静好，坐拥幸福入怀，

山谷草甸，还有远山含黛。

12

小狗弗格斯捞了好多蟾蜍卵

　　弗格斯突然吼了起来，朝着附近一条沟渠飞速地跑了过去，它朝着某样东西冲了上去，随即传来一阵痛苦的叫声。当它从沟渠里爬出来时，嘴角滴着鲜血。

　　"啊，弗格斯，亲爱的弗格斯！"珍妮特紧张地叫喊着，"看呀，梅里叔叔，它在流血呢！发生什么事了？"

　　"没什么大不了的。"梅里叔叔笑着说，"弗格斯，你怎么就不长记性呢，你怎么就学不会不去攻击一只刺猬呢？"

　　听了这话后，孩子们也都笑了起来。"它刚才是去突袭了一只刺猬？"珍妮特问，"哎哟，可怜的弗格斯！叔叔，那只刺猬在哪儿呢？我们去找找它吧。"

　　他们很快就找到了刺猬，因为人家根本就没打算逃跑，正紧紧地蜷成一团躺在沟里呢，全身被刺包围起来。谁也看不见它的鼻子或是爪子，这真是只防守得相当严密的刺猬！

"它可算是穿了件优质的盔甲呀，是不是？"约翰说，"在我需要的时候，多想也能穿上这样一副盔甲呀，这样的话，当我在学校里被男孩子欺负的时候，看我不好好地刺刺他们！"

大家注视着这只浑身是刺的褐色刺猬。"你现在算是完全醒了，是吗？"梅里叔叔冲着刺猬说，"整个严寒季节，你在某个舒适的洞里睡了一觉，就挨过去了，随后在某个夜晚醒来，匆匆出门去找点儿吃的。我怀疑你是不是能找到很多蛞蝓（kuò yú）、昆虫的幼虫或甲虫来吃？"

刺猬稍微伸展开了一点儿身体，"我相信它一定是认真地听您说话呢！"珍妮特说。刺猬的身体又略微打开了一点儿，梅里叔叔做了个手势让大家保持安静。弗格斯也乖乖地一动不动，时不时舔舔自己可怜的黑鼻子上滴下的血。

这只刺猬的身体完全打开了，孩子们得以目睹它那可爱而小巧的黑色口鼻部位。接下来，它站了起来，迈开短短的腿匆忙地离开此地，那双明亮的眼睛闪烁着。

"停下，停下来！"约翰嚷嚷着，"我还想好好看看你的样子呢。"他追着刺猬跑，这刺猬立马就又蜷成一团了。约翰伸出手去碰它，马上就收了回来。"喔噢，它身上都是跳蚤！"约翰说。珍妮特又尖叫了一声，引来梅里叔叔一道严厉的目光。

"我最听不得谁尖叫了。"梅里叔叔说。珍妮特的脸唰的一下红了。尽管如此，但那可是数十只跳蚤啊！她可不希望身上沾上任何一只。

"你用不着担心刺猬身上的跳蚤，"梅里叔叔说，"它们并不会待在你身上或者对你造成伤害，刺猬身上总是有几十只跳蚤的。它又跑开了，它怎么走得这么匆忙？"

"我喜欢它，"帕特说，"它跑起来的样子就像上足了发条似的！"

可不是嘛，小刺猬一溜烟消失在沟渠中，便再也寻不着它了。漫步者们继续他们的旅程。当快走到池塘边时，约翰显得很兴奋。"现在刚好还有点儿时间，可以到池塘边看一看、瞧一瞧。"梅里叔叔说，"看完就必须往回赶。"

当他们接近池塘时，听到了"扑通"一声。"那是什么声音呀？"约翰问，他的耳朵很灵敏。

"那应该是一只水田鼠，"梅里叔叔说，"那是一种很可爱的小动物，并不是水鼠哦，你们时常会听到人们叫错名字。如果我们哪天晚上来这里走一圈，有可能邂逅它和它的朋友们坐在池塘的堤岸上，肆无忌惮地直起身来，啃食着某些水生植物的茎梗。然而，一旦它们看见或听见我们的动静，就会'扑通''扑通''扑通'地全都跳进水里去，游到水面下方它们藏身的洞穴里！"

在孩子们所剩无几的时间里，刚好还看到这样一只长着钝头鼻子、毛茸茸的美丽小动物滑进水里。大家下定决心，在五六月的时候，一定要请梅里叔叔带着他们在夜间散步一次，看看蝙蝠，可能的话再看看猫头鹰和水田鼠等动物，那一定充满乐趣。

"看呀，青蛙卵消失不见啦！"约翰突然叫喊道，"消失得无影无踪！它们一定是溶解了吧。哇！大家看呀，到处都是微小的黑色蝌蚪，得有成百上千只吧！"

正如约翰所说，在大家视线所及的范围内，池塘里遍布着那种长着长尾巴的黑色小斑点，在水里蠕动着。"它们全身就只有头部和尾巴。"珍妮特说道。

"没错，"梅里叔叔说，"有些人说，蝌蚪曾经还有一个古老的名字，叫作'长着尾巴的脑袋'。"

"希望我们能看见一些蟾蜍卵。"约翰说，他在池塘边把身体探出去很远，看起来就像要跌落到水里去一样。

弗格斯也跑过去想看看，它可真成了"落水狗"啦，还激起了好大的水花！一掉进水里，弗格斯就变得很惊恐，疯狂地施展着"狗刨式"泳姿，竭力想要游上岸。

"哎呀，弗格斯啊，就你这样还想当水手呢！"梅里叔叔说，"你弄得一身湿漉漉的，我怎么带你去伦敦啊？你这不听话的狗哟！"

大伙儿齐心协力把它拉了上来，只见它一副瑟瑟发抖、愁眉苦脸的样子。小狗剧烈地摇晃着身体，无数小水滴飞溅向四面八方，滴落在每个人身上。"你这习惯真是太糟糕了！"梅里叔叔嘟囔道，"下次出门时我得在你的脖子上包一条浴巾，如果你想游泳的话，就用得上了。"

"梅里叔叔，看呀！缠绕在弗格斯腿上的是什么东西？"约翰突然问道。他指着一串缠在弗格斯的两条前腿中间、像果酱似的东西。梅里叔叔吹了声口哨。

"哎哟喂，好吧，也许它下水真的只是为了给你弄点儿蟾蜍卵上来！这不就是了，绕在它腿上的就是蟾蜍卵，你现在可以仔细地观察观察了。"

蟾蜍卵像是滑滑的果酱，被一条奇特的长线连着，各处零零星星点缀着黑色的斑点，每一点就是一颗尚未孵化的蟾蜍卵。

"它们很快就会孵化出来的，"梅里叔叔说道，"正如现在这些青蛙蝌蚪一样，我们很快就能在池塘里见到蟾蜍蝌蚪了。"

大家把蟾蜍卵放回池塘里，接着开始注视着阳光照射下的水面上各种有趣的昆虫。它们中有划蝽，像划桨一样划动着自己的腿脚；有着长腿的黾（mǐn）蝽正享受着美好的时光；还有滑稽的豉甲做着各种荒唐可笑的事情。孩子们很想仔细地逐个观察它们，可是梅里叔叔已经在看着自己的手表了。

"是时候回家了，"他说，"我们下个月再来这里，我会让你们看看池塘里最有趣的小生命之一，它不仅会给自己盖个房子，还会背着房子到处走。"

"听起来不就是蜗牛嘛。"约翰有些不以为然。

"不好意思，并不是哦。"梅里叔叔说，"现在，真的得动身回去了。弗格斯，但愿你身上差不多快干了，要不然待会儿在火车上你甭想坐在我的膝盖上。"

"我们这次看到的东西还远远不够呢。"珍妮特抱怨道。

"嘿，我亲爱的朋友们，当我不在这里，不能带你们散步时，你们完全可以自己去走一走啊。"梅里叔叔说。

"这怎么能一样呢。"帕特说，"我们根本不知道应该

去寻找些什么，而即便是找到点儿什么东西，我们也根本不知道关于它的任何信息。您不仅告诉我们应当寻找些什么，还告诉我们每一种生物各自的逸闻趣事。"

"高兴点儿嘛！"梅里叔叔说，"我向你们保证，两周后的今天，等我从伦敦回来以后，第一时间就会带上你们去进行一场漫长的散步。这期间，你们必须去借一些关于大自然的书来细细研读，那么兴许到时候你们也能教我点儿什么。"

他们不一会儿就回到了家，然后，孩子们走到火车站为梅里叔叔和弗格斯送行。弗格斯现在身上都干了，一副乖狗狗的模样。一想起当时它为大家从池塘里捞蟾蜍卵出来的样子，孩子们都笑逐颜开。

"我相信，它当时是真的为了我们去捞蟾蜍卵。"约翰说，"它可是只非常善良的小狗。老朋友弗格斯，整整分别两周，我们都将多么想念它呀！"

自然小课堂

区分青蛙和蟾蜍的卵、蝌蚪

在二月散步时，孩子们发现了青蛙卵，梅里叔叔还给他们讲了青蛙卵和蟾蜍卵的不同。到了三月散步，约翰发现青蛙卵已经变成了小蝌蚪，而意外落水的弗格斯却给大家捞了一串蟾蜍卵来观察。你见过青蛙卵和蟾蜍卵、青蛙蝌蚪和蟾蜍蝌蚪吗？你会分辨它们吗？

1. 青蛙卵由卵胶膜包裹形成一个个独立的小球，组成团块状的卵群。蟾蜍卵是一条条的胶质卵带，像一串串佛珠，而且出现的时间比青蛙卵早一个月以上。但是在英国，青蛙和蟾蜍在二月份就开始产卵了。

2. 青蛙蝌蚪背部呈灰绿色并带有黑褐色斑点，腹面呈浅黄色，尾巴呈披针形，多分散活动。蟾蜍蝌蚪身体黝黑，形似"逗号"，往往聚集成群。

自然野趣 DIY

约翰的"干花园"

约翰还做不到像帕特和珍妮特那样顺畅阅读，因此当他俩在读书时，他也给自己找了点儿事情做做。梅里叔叔有时候也会帮帮他，他跟约翰一起度过了许多欢乐的时光。

而约翰所做的第一件事就是给自己搭建了一座梅里叔叔所谓的"干花园"，简单说就是制作了一本押花书。

"我一定会喜欢这本书的，"约翰说，"这样一来，我就可以时不时地翻阅书页，经常想起曾在哪里见过这些花儿。"

刚开始时，梅里叔叔没能给约翰买到押花器，于是他就教约翰在没有押花器的帮助下，如何自己动手将野外的花制作成押花。

"这儿有几张精美的厚吸墨纸。"他说，"现在让我们瞧瞧，今天你找到了什么花来制作押花呢？"

"牧羊人的钱包，"约翰说，"我喜欢那些垂在花茎上的可爱的绿色小种荚钱包。您看，另外还有一些千里光呢。"

"你会发现千里光那黄色的花朵将会变成灰色的茸毛，"梅里叔叔说，"但这不要紧，你心里会记住它其实是一朵黄花。你手里还有什么花吗？"

　　"繁缕，"约翰说，"您看，还有这株小小的婆婆纳。"

　　"好嘞，"梅里叔叔说，"刚开始制作，有这些就足够了。看好了，现在将每一朵花小心地夹在两页吸墨纸之间，就像这样。吸墨纸能帮着将植物的汁液吸干。这会儿我们就该挤压它们了。"

　　"那我们该怎么做呢？"约翰问。

　　"我们得去书架上找几本最厚重的书，"梅里叔叔说，"快过来找吧。"

　　他们一共找到了六册大部头的书，分量重得约翰一次只搬得动一本。两人将这六部"巨著"压在夹着花儿的吸墨纸上头。

　　"好啦，"梅里叔叔说，"我们得让它们维持原状，直到里头的花儿变得干燥而平坦、呈现出优美的姿态。现在跟我出门吧，我们要去买一本精美的大练习本来放置押花，还需要一些纸胶带，剪成一条条的，贴在花茎上。"

　　他们出门采购去了，回来时带着一本大大的练习本，它有着黑色硬卡纸的封面。约翰取出一张绘图纸，画上一株毛茛，再涂上黄绿两色，最后将画作粘在练习本的封面上。"这下，大家都知道这是一本押花书啦。"他说。

被压在书下的花儿已准备就绪了，约翰小心翼翼地将它们从吸墨纸中间一一取出。在梅里叔叔的帮助下，他将花儿平铺在练习本的页面上。接着，他用剪刀把纸胶带剪成许多细细的小条，再将它们粘在花茎上，茎就能牢牢地黏在纸上了。然后，梅里叔叔教他如何挤出少许黏胶涂在花朵和叶子上，使花朵和叶子也能牢牢地黏在纸上。

"这看起来多美妙啊，是不是？"约翰说，"梅里叔叔，有些遗憾的是，花儿和叶子的色泽稍微有点儿暗淡，是不是啊？不过也没事，我总是能想起它们曾经的模样来。"

接下来，约翰十分仔细地确保拼写无误，认真地在花儿下方写下它们的名字、找到花儿的地点及正确的日期。珍妮特和帕特过来瞧了瞧，他们认为约翰制作得非常出色。

"好嘞，这的确是个良好的开端。"梅里叔叔说，"现在请你自个儿继续充实这本押花书吧。约翰，记得每周都拿来给我看一次，这样我就能了解你的进展如何啦。"

这本练习本很快就开始变得"大腹便便"起来，里头塞满了押花。到了年底的时候，约翰的押花书中已经有123朵花儿啦，每一朵花儿都写好名字，你觉得这是不是很棒呢？

　　没准儿你也能建一座"干花园"，或许你在一年内找到的花儿比约翰的还多呢！

小小鱼缸

约翰没法拥有一个常规的鱼缸，因为他手头没有足够的零花钱。于是，梅里叔叔就给了他一个非常大的玻璃制腌菜罐子，不算太高但非常宽大。

"约翰，这是给你的，"他说，"你可以用它来制作一个小巧而可爱的鱼缸。今天下午我们为做好这个鱼缸去搜罗点儿东西来，怎么样？"

"好呀，没问题！"约翰说，"叔叔，我想让这罐子变成真正的小池塘。罐底要有沙子和鹅卵石，还要有池塘里头原装的水草、淡水螺、甲壳虫等，多多益善。噢，蝌蚪绝对是必不可少的！"

"你可千万不能追求应有尽有，"梅里叔叔说，"基于以下两个原因：其一，贪得无厌的下场就是你的罐子里会太拥挤，而里头的生物就会死掉；其二，你只能养一些不会互相残杀的小东西。比方说，如果你养了某种特别凶残的水生甲虫，它二话不说就会把你的小蝌蚪吞下去！"

"我的天！"约翰说，"我可不想这样。叔叔，那我究竟能在这小腌菜罐子池塘里养点儿什么呢？"

"好吧，小蝌蚪和淡水螺是没问题的。"梅里叔叔说，"如果我们找得到的话，再加一两只石蛾幼虫也问题不大。来吧，我们现在该出发了。我给这罐子的瓶颈部位穿上些绳子，这样就能拎着去给它装上池水。池塘生物可没法在自来水里茁壮成长。"

他们一块儿前往池塘边。约翰随身带了个网兜，一下捞了起码二十只小蝌蚪，他想统统放到罐子里去。但是梅里叔叔十分坚定地对他说"不"。

"你放进去这么多，它们会死的，"他说，"有六七只就足够了。没错，这样就对了。约翰，你看看他们在罐子里游来游去多自在呀！现在该去找淡水螺啦。"

他们一共找到了三只美丽的淡水螺，梅里叔叔还想办法抓到了两只石蛾幼虫，放进他们那滑稽而坚固的罐子里。他还扯了些水草，同样也放进了罐子里头。

"现在我们该回家了！"他说，"约翰，你即将拥有一个可爱的小腌菜罐子池塘了！"

当他们回到家里，梅里叔叔小心翼翼地将罐子清空，把里面的东西全都倒进一个桶里暂存，然后他和约翰一起在罐子底部铺上一层清洗过的干净沙子。接着，约翰跑去寻找一些细小的鹅卵石，也放到自来水龙头下清洗了一下，这些石头将被放置在沙子上。梅里叔叔将水草茎的底部系在石头上，这样水草就能在水里直立起来而不是到处乱漂。

"这下该注水了，"他说，"我们必须十分小心谨慎地将池水倒回罐子里。约翰，请你将一张牛皮纸铺到沙子上头，之前要先把纸粗略裁成圆形。待会儿倒水时，水就不会搅乱沙子，导致罐子里变得浑浊不清。"

他们小心翼翼地将池水缓缓倒入罐子里，所有其中的小生物也随着水流一起倒入。当从罐子里捞出圆形牛皮纸后，水草都升起直立起来。蝌蚪们疯狂地扭动着，淡水螺开始在边上爬行，石蛾幼虫则在探索着这个奇怪的小池塘底部。

"哇，这真是太可爱啦！"约翰说，"哥哥姐姐，快来看我的池塘！这是不是妙趣横生呀？"

珍妮特和帕特马上也想要一个和约翰一样的池塘，他们跑过去问妈妈要腌菜罐子。

"我会教你们如何制作池塘的，"约翰带劲儿地说，"我对具体步骤十分清楚，梅里叔叔，对不对？"

"但愿如此，"梅里叔叔说，"记住了，每周都要倒一杯池水到你的小'池塘'里，花房水箱里的水或者是雨水桶里的水都行。"

没过多久，孩子们都拥有自己的小"池塘"了，里面也都有蝌蚪和淡水螺。帕特犯了个错，他放了只蜻蜓幼虫在自己的"池塘"里，结果，小虫把一半的蝌蚪都给吃了！

我猜，你也想在这春暖花开之际拥有一个属于自己的小"池塘"吧！那好啊，你现在已经掌握制作的窍门啦！

自然童话故事

· 啊哈！大鼠先生
· 可爱的鸟喙

啊哈！大鼠先生！

大鼠先生是个面目可憎的家伙，残酷无情且狡诈奸猾。它每时每刻都觉得饥饿难耐，有时喜欢搜寻鸟巢将鸟蛋或雏鸟吃掉，有时想寻着气味来到睡鼠的窝把睡鼠的宝宝们吞下肚子。即便在遇到形单影只的小兔子时，它都敢猛扑上去偷袭一下。

小利爪鼹鼠哭哭啼啼地走在沟渠的底部，它其实一般不会到地面上来活动，因为它喜欢在地下挖洞。但这个上午，它像是完全忘记了挖掘这件事一样，拖着沉重的脚步在沟渠里走着。

"出什么事了？"小短尾兔子关切地询问，它那漂亮的小脸从附近的洞口探出来。

"噢，唉，大鼠先生发现了我在田野里的洞穴，"小利爪鼹鼠眼泪汪汪地说，"它把我所有的初生小宝贝都吃了，一个活口都没给我留啊！"

"这个邪恶的混蛋！"小短尾义愤填膺，它的鼻子不断地上下抖动着，"是时候让它得到应有的惩罚啦！"

"它自己才是最该被吃掉的那一个！"小刺头刺猬躺

在沟渠底部，伸展着身体，"它要是被我揪出来的话，我就会亲口吃了它！没错，我要吃了它！"

从篱笆那儿传来一阵放肆的笑声，把三个小动物吓成了木桩子似的动弹不得。它们都熟悉这尖利的笑声，这不正是大鼠那嚣张的笑声嘛！

"这么说，你要亲口吃了我，是吗？"大鼠先生说着，长鼻子从篱笆后面露了出来，"那就放马过来吧，小刺头，过来吃了我啊！或是你，小短尾，还是你呢，小利爪鼹鼠！大爷在此恭候你们！"

小短尾兔子倏然消失在自己的洞里；小利爪鼹鼠立马在沟渠中挖了条隧道，闪电般快速遁逃；而小刺头刺猬则把自己的身体紧紧地蜷曲起来，躺在原地一动不动，大鼠蹿出来冲它嗅探着。

"要是没这身尖刺做成的盔甲，我谅你也不敢如此大胆。"大鼠挑衅着刺猬，"我会跟我的狐狸兄弟打声招呼，请它出马来抓你。"

大鼠转身离去，留下惊慌失色的小刺头。它可不喜欢狐狸，因为列那狐能通过释放出令人厌恶的气味来诱使刺猬伸展开身体。那味道让刺猬恶心，它会觉得非赶紧爬走不可！而一旦它为避开列那狐极为骇人的气味而伸展躯体试图爬走，那狐狸就会捉住它！

小刺头匆忙逃窜，藏身于堤岸上的一个洞穴中。这洞穴刚好够塞下它的身体，洞口还被蕨类植物形成的帘子遮蔽，它在那儿觉得安枕无忧。

大鼠先生在田野上鬼鬼祟祟地奔走时，内心窃喜不已。它就是这乡村野地的王者！它正是这篱笆与沟渠里所有生灵的主宰！不久之后，这儿将会多出数十只大鼠，因为散落于各处的年轻大鼠们即将成长起来。啊哈！大鼠先生就能教会它们如何到鼠窝中去捕猎小老鼠、去抓住尖刺尚软的小刺猬、去篱笆中搜寻雏鸟、去堤岸的向阳面捕捉疾行中的蜥蜴，就算是住在池塘边长长的青草里头的青蛙也要一网打尽。

大鼠先生对各种鸟蛋情有独钟，它曾吸食过自己在篱笆的鸟窝里找到的数十枚鸟蛋。沿着篱笆堤岸行走时，它对如何朝上方扫视并侦察到隐藏在各个角落里的鸟窝了然于胸。接着，它就会爬上去，将自己那敏锐的灰鼻子刺探进鸟窝里，把里头的蛋全吞入腹中。不少知更鸟、歌鸫和乌鸫匆匆忙忙赶回各自的鸟窝时，都会发现自己全部的鸟蛋一个都不剩了。

大鼠先生甚至还跑进农场，把鸡舍里的鸡蛋给偷走了，它对于这件事可是花样百出且手到擒来。它会从一个熟悉的洞口溜进鸡舍里去，然后到鸡窝里头去吸食鸡蛋。它也许还会随身带走一枚蛋呢，带回去藏在自己的洞穴内。它是怎样做到把蛋从鸡窝里运出去而没被打碎呢，这事想想还真是奇妙。它会先把蛋一圈一圈地翻滚到它之前溜进来的洞口，然后再从洞口把蛋推出去，再让蛋滚回自己的窝里去。有时候，两只大鼠会齐心协力一起偷蛋，其中一只大鼠会用背部稳住鸡蛋，而另一只大鼠则在后面扶着蛋推行。啊，大鼠还真是这个小小王国里最聪明的动物呢！

然而，有一天，它却铸下了大错。

如往常一样，它正四处搜寻着鸟蛋的踪影。它已经吃掉了林岩鹨（liù）的两枚蛋，它们如天空般湛蓝，可个头实在是太小了。大鼠吞下它们后仍觉得很饿。它琢磨着，不知田野的角落里那棵梣（chén）树上的洞里是否还有鸟蛋。它知道那棵树有部分的树干是空心的，曾经有只松鼠在那儿做窝，让大鼠先生享受了美美的一顿小松鼠大餐！

还有一次，一只啄木鸟在那里筑巢，大鼠先生把它下的每个蛋都给吃了，以至于伤痛欲绝的啄木鸟不得不离开这棵树，飞到山坡上的松树林里头去了。

没错，大鼠先生打算去瞧瞧还有哪只鸟儿会在梣树上筑巢。它跑了过去，偷偷摸摸地从生长在沟渠里的荸麻上溜过去，再敏捷地爬上了树干。尽管是夜里，但明月挂在空中，大鼠先生能看得一清二楚。它跑到树洞的入口处，蹲坐着、嗅探着。

有戏！有鸟在那儿做窝啦！这巢穴有一股子鸟的味道，大鼠先生的眼神被洞里某个白色的东西深深吸引，一枚蛋！它溜进洞里，蛋到手了。真是开心！但只有一枚蛋，真令人失望啊！不过也不打紧，说不准一两天后还会有的。

果真如此！两天后，那儿又有了另外一枚蛋，大鼠先生毫不犹豫地吃了它；一周后，又出现了一枚，大鼠先生仍然往肚子里塞；四天之后再出现一枚时，大鼠继续塞到肚子里。

而这一年，椋树上这个洞穴的主人是一只小猫头鹰。它发现自己的蛋总是如此离奇地消失不见，心中疑窦丛生。这还是只年轻的小猫头鹰，它在此之前还从未下过蛋。因此，小猫头鹰将丢蛋的事告诉了自己的伴侣，雄猫头鹰听闻此事后，面色凝重地发出咕咕声。

"一定是有人偷走了蛋，"它说，"可能是灰松鼠，它可是个强盗；或者是偷窃成性的寒鸦，它特别喜欢其他鸟的蛋。无论是谁，我们都会查个水落石出的。"

最后，是睡鼠来告诉小猫头鹰究竟谁是窃贼。

"是大鼠先生。"在篱笆遮蔽处的小睡鼠说，"不要抓我啊，小猫头鹰，我可是特地来提醒你们要注意小偷啊。它也偷走了我的小宝贝，可怜的娃连眼睛都还没睁开呢。小猫头鹰，这里没有人是安全的，你也不例外。"

小猫头鹰气得牙痒痒的，原来是大鼠这个盗贼偷走了自己的蛋，这事一定得管管。

"这儿可是有很多大鼠吗？"猫头鹰们问道。

"嗯，非常多，"惊恐的睡鼠答复着，"它的家族正成长壮大呢，不久后这儿就得有上百只大鼠了，到时候恐怕我们都得逃走了。但它们还是会穷追不舍，我们逃哪儿去都无济于事。"

猫头鹰们咕咕两声就飞走了，它们十分清楚该做些什么。它们飞往大约八千米外的大树林，许多小猫头鹰都在那儿筑巢并养育着它们的下一代。但近来那儿的食物似乎所剩无几了，因为附近出没的鼬鼠把小猫头鹰们想要用来喂养雏鸟的食物吃掉了不少。

两只小猫头鹰呼喊着它们的同伴："咿呜，咿呜，咕咿呜，咕咿呜！"

"特咿特，特咿特！"传来了同伴们的回应，一只只小猫头鹰从或远或近的地方飞了过来，在这两只远道而来的小猫头鹰栖停的树上停留。

"咿呜！"这两只小猫头鹰说，"我们特来告知大家，在远处的一片树林里有充足的食物。等你们的幼鸟长大一些后就带上它们一起过去吧，在那片我们熟悉的树林里住着非常多的大鼠。"

"我们会来的！"一群猫头鹰呼叫着，"特咿特，特咿特！"

三周后，虽然年幼的大鼠尚未完全发育成熟，但是已经为乡村营造出一种惊惧和恐慌的氛围。此时，一大群小猫头鹰也飞到了附近的树林里，羽翼未满的幼鸟也跟着飞来了，虽然还是毛茸茸的小家伙，但利爪已经能像捕鼠器般紧紧合拢了。

"咿呜！"小猫头鹰们呼喊着，掠过树林。在暗淡的月光下，它们还是能看见草地里细微的动静。一只猫头鹰飞扑下来，利爪一下子钳住了一只幼鼠，这只幼鼠大声尖叫着却无路可逃；另一只猫头鹰像块石头般砸在一只成年大鼠身上，这家伙甚至都来不及尖叫。

"特咿特，特咿特！我们吃了顿丰盛的大餐！"那天晚上，猫头鹰们呼叫着，继而飞到树林里，它们在白天就躲在那里。

大鼠先生发现附近突然来了这么多猫头鹰，可吓坏了。但它自我安慰道："难道我不是这乡村野地的王者、这片篱笆的主宰吗？老子天不怕地不怕！"

它有个好太太，大鼠太太养育了七只幼鼠，大鼠先生引以为豪。但大鼠太太只能让它偷瞄几眼，因为害怕它会把幼鼠们吃了。大鼠太太知道，有时候大鼠会吃自己的孩子。大鼠先生跑过来提醒太太，要把孩子们藏好。

第二天晚上，一只小猫头鹰在池塘边的草丛里看见了动静，它猛扑下去，发生了一场搏斗！它抓住了大鼠太太，还听到附近洞穴里传来幼鼠的尖叫声！猫头鹰马上召唤自己的同伴。一眨眼的工夫，一群猫头鹰飞过来把幼鼠们全都吃了。

这下轮到大鼠先生沿着沟渠为自己失去的家人而涕泪横流、哀号不止了。但没人会关心或安慰它，兔子可高兴了，鼹鼠哈哈大笑，刺猬自言自语地哼哼着，"己所不欲，勿施于人。大鼠先生这下尝到了以其人之道，还治其人之身的滋味了吧！"

夜里又传来了一声尖叫，一只小猫头鹰抓住了大鼠先生！啊哈，大鼠先生，这下你的末日到了！

"这么说，就是你把我所有的蛋都给吃了，是吗？"小猫头鹰厉声呵斥着，把大鼠先生牢牢地按在自己的利爪之下。

"放过我吧，我再也不会做这种事啦！"惊慌失措的大鼠尖叫道。

"无论如何你都再也做不了这种事了！" 猫头鹰说着，一口把它吃了。

这就是大鼠先生的结局。至于剩下的寥寥无几的大鼠嘛，它们全都吓得屁滚尿流，离开乡村的那片区域了。这下，兔子、鼹鼠、老鼠和刺猬都能在一片祥和、愉快中自由活动啦。啊哈，大鼠先生，你这可算是聪明反被聪明误，谁叫你连小猫头鹰的蛋都敢吃！

可爱的鸟喙

春天来了，万物复苏，一切都是那么明亮，令人愉悦。水仙花和蒲公英都像太阳一般金黄；椋鸟的羽毛熠熠生辉，闪烁着绿色、紫色或蓝紫色的光泽；雄苍头燕雀那可爱的粉色胸脯，就连年幼的雄雀也在下巴下面长出了漂亮的黑色围嘴。

只有乌鸫依旧黯淡无光，一袭全黑的外套，既没有歌鸫胸部的那种漂亮的斑点，也没有知更鸟那样一抹鲜艳的红色。就连麻雀飞翔时翅膀上一道美丽的白线，它都没有。

它注视着自己在池塘里的倒影，感觉有点儿难过。

"为什么我不能像所有其他鸟儿那样，在春天换一件外套？"它自言自语着，"这也太寒碜啦！现在，要是我能把一身黑色的羽毛染成美丽的金黄色该有多好，正如那迎风舞动的水仙花的颜色，哎呀，那样我将会成为焕然一新的鸟儿！"

当时，一只老蟾蜍正从池塘里探出头来，看到了乌鸫，也听到了它说的心里话，便热心地给了它一些建议。

"你为什么不去找找小精灵戴波尔呢？她能将裙子和外套染成最美丽的颜色，她能迅速实现你的心愿——给你想要的。"

"谢谢你。"乌鸫高兴地说着，往树林那边飞去了。它很快就找到了戴波尔的小房子，位于一处温暖的堤岸，悬挂着绿苔藓制成的窗帘。戴波尔正在户外，身旁都是颜料罐和刷子，附近还有细枝搭起来的一小团篝火，火苗上头悬挂着一罐她正在制作的蓝色染料。

"早上好！"乌鸫说，飞落到她身边，"能麻烦你帮我做件事吗？在春季的美好时光里，能否为我涂抹或是染上美丽的粉色、黄色或蓝色？所有其他鸟儿现在都有着鲜艳的色彩，我实在是有点儿格格不入。"

戴波尔注视了一会儿乌鸫，随后摇了摇头。

"很抱歉哦，"她说，"黑色是我唯一无法染指的颜色，因为它无法接纳其他颜色。我曾经尝试过，所以才清楚此事。同样地，在你身上无论涂抹什么颜色也都无济于事，因为其他颜色在你深色的外套上根本显现不出来。"

"唉，天啊。"乌鸫叹息道，看起来伤心不已的样子。戴波尔琢磨着自己怎样才能帮帮它呢。

"来染你的鸟喙怎么样？"她突然问道，"现在它只是普普通通的褐色，但是如果你乐意的话，我们可以将它变成可爱的金色系，那样应该会提亮你的色泽。"

"好主意！"乌鸦开心地说。戴波尔把她罐子里的蓝色染料都清空了，彻底清洗了一番。接着她用新鲜的露水把罐子灌满，放上一小撮黄色粉末，再将这罐水烧开。然后她把罐子从火上拿下来，走到她花园里一株巨大的黄色番红花跟前，这花儿几乎跟她一样高！

她把整罐染料都倒进花里，然后招呼着乌鸦过来。"这就是了，"她说，"把你的鸟喙泡在这里头，坚持五分钟。我还有另外一个点子，即便是你一身黑，也没有鲜艳的色彩，但为什么不把自己的黑色外套拾掇得美丽一点儿呢？我会找点儿亮光剂和抹布。当你给喙部染色时，我就帮你把羽毛擦得亮亮的。"

于是，站着的乌鸦把喙伸进金色番红花的花萼里头；与此同时，戴波尔则用尽浑身力气，将乌鸦从头到尾都擦得锃亮一新。乌鸦这下子可闪耀了，看起来多么光滑柔顺啊！

当它的鸟喙从番红花中撤出来时，已是鲜艳的金橙色，别提有多漂亮啦！它不由得大声唱起了喜悦的歌。

"你可真是潇洒动人！"戴波尔对它赞不绝口，"你现在就跟任何一只色泽艳丽或是长有斑点和围嘴的鸟儿一样可爱！展翅飞翔吧，看看别人都怎么评价你！"

它纵身飞去。人们是如何评论它的呢？到了四月份，去寻觅它吧！你亲眼看见它时自己会说什么？我猜应该跟我一样！"噢，看看那只闪亮的乌鸫啊，它有着多么漂亮的金橙色鸟喙啊！它是从哪儿弄来这鸟喙的？"

　　好吧，这下我们可算是弄清楚了！

自然笔记

　　请你走出家门，每个月进行一两次自然散步，去观察身边的自然万物，把你的见闻和当时的感受记录下来。你可以用文字、照片、画画或诗歌等任何你喜欢的形式，来做自然笔记。你也可以准备一个笔记本，按下面这种形式来记录你的观察和发现。

日期		时间	
地点		天气	
我的自然观察笔记：			

译后记

爱与成长的故事

2019 年末至 2020 年初，我着手翻译这本首印于 70 多年前的老书。突如其来的疫情，让我有工夫一边品味作者的文字，一边琢磨译文的遣词造句，还能享受身处闹市的远郊的自然野趣。此书无疑是一部关于"人与自然"的佳作，可在我眼里，这更是一部关于"爱与成长"的杰作。

书中：鸟语花香虫儿飞

先用一句话介绍这本书：邻家的梅里叔叔带着三位小朋友帕特、珍妮特和约翰，以每月两次的频率漫步大自然，让孩子们获取了开启自然之门的钥匙；再用一句话介绍作者：伊妮德·布莱顿，"英国人最爱的作家"、英国"国宝级"的童书大王，本书在很大程度上还原了作者儿时与父亲的野外探险经历。

参 考 文 献

陈安宇. 2008. 生物医学传感器. 第 2 版. 北京: 科学出版社.

陈明, 范东远, 李岁劳. 1997. 声表面波传感器. 西安: 西北工业大学出版社.

姜远海, 霍纪文, 尹立志. 1997. 医用传感器. 北京: 科学出版社.

科博德. 1984. 生物医学换能器——原理与应用. 许锡铭译. 上海: 上海科学技术出版社.

李娟, 陈涛. 2007. 传感器与测试技术. 北京: 北京航空航天大学出版社.

铃木周一. 1988. 生物传感器. 霍纪文, 姜远海译. 北京: 科学出版社.

彭承琳. 1992. 生物医学传感器——原理与应用. 重庆: 重庆大学出版社.

沈聿农. 2001. 传感器及应用技术. 北京: 化学工业出版社.

王明时. 1987. 医用传感器与人体信息检测. 天津: 天津科学技术出版.

王亚峰, 何晓辉. 2009. 新型传感器技术及应用. 北京: 中国计量出版社.

许春向等. 1993. 生物传感器及其应用. 北京: 科学出版杜.

赵继文. 2002. 传感器与应用电路设计. 北京: 科学出版社.

Brian M Cullum, J Chance Carter. 2005. Smart medical and biomedical sensor technology Ⅲ. Bellingham, Wash, USA: SPIE.

Eugenijus Kaniusas. 2012. Biomedical signals and sensors I: linking physiological phenomena and biosignals. Heidelberg: Springer.

Krzysztof Iniewski. 2012. Biological and medical sensor technologies. Boca Raton, FL: CRC Press.

P F Turner, Isao Karube, George S Wilson. 1987. Biosensors. New York: Oxford University Press.

体验自然，逐渐孩子们自己都拥有了观察自然的"眼睛"，也是书中所谓"开启自然之门的钥匙"，而通过自己的眼睛观察自然所带来的喜悦与享受，是借别人之眼无法获得的。

最后占用一小段篇幅，说一些关于犬子蔚嵩的事。他不满八岁，眼下正喜欢唐诗、BBC 的自然纪录片，还有和我一起在城市里的探险。

唐诗， 他喜欢李商隐，而其最著名的诗句里，如"身无彩凤双飞翼，心有灵犀一点通""庄生晓梦迷蝴蝶，望帝春心托杜鹃"都有深深的自然印痕，此外《忆梅》《赠柳》，还有《蝉》则更是从诗名上就可见一斑。正应了本书中提到的观点：诗人和艺术家的灵感很大程度上源于自然。

BBC 纪录片， 他已经认识了大名鼎鼎的爱登堡爵士（戴维·阿腾伯格，也被译为大卫·爱登堡），老爷子的镜头让他领略了大自然的各种壮美惊奇。老爷子的一句话与书中末尾梅里叔叔给约翰的一句忠告异曲同工：爱登堡在与自己的粉丝奥巴马见面时，说自己从未失去对大自然的兴趣；而梅里叔叔对约翰说的则是一旦拥有这把开启自然之门的钥匙，请千万不要失去它。

城市探险， 则是我们父子俩坚持数载、每月至少一次的市内公交车无限换乘体验。这与自然无关，但与陪伴有关。只要有爱的陪伴，孩子就别无他求；只要有机会观察、阅读，看到的是大自然还是钢筋水泥森林，问题并没有那么大。而实际上，据我粗略观察，即便是在数千万人口的大都市，也照样能听见鸟语、闻到花香、看到野蜂飞舞和候鸟归来。

爱的教育，最好是从大自然开始，因为自然先于人类存在，自然中几乎蕴含了人类社会的一切道理；人之成长，也最好在大自然中启蒙，因为人的动物本性或天性在自然中才能得到最充分的显露和回应。爱与成长，是一个永远无法阐明的课题，但本书给出了一个既科学又温暖的答案：走进大自然，拥抱大自然。

杨文展

2020 年 3 月 23 日写于上海